U0076924

SIMPLE BAKE & SWEETS

清爽好吃！無奶油懶人烘焙甜點

桑原奈津子

瑞昇文化

前言

做甜點很開心。

如果能做得輕鬆又快速，那就更開心了。

雖然花上大把時間製作精緻甜點也有它的樂趣在，

不過因為是平常在吃的東西，還是不要太勉強比較好。

我很喜歡奶油的滋味。

然而用油做成的點心，其滑順的口感也相當美味。

而且還能省下讓奶油恢復室溫、用力攪拌等各種工夫，

需要清洗的東西也不多，輕鬆簡單。

雖然長久以來一直從事與甜點相關的工作，

但我真的很怕麻煩，

而且也吃不了太多太甜的東西。

因此，最後我想出來的食譜就變得越來越簡單，

不會太甜，且口感清爽。

正因為簡單好做，

所以構思的時候特別注重味道的平衡和口感的搭配。

剛起步的時候請務必依照食譜來做。

這麼一來失敗次數應該也會減少。

如果能多做幾次，讓它變成自己家裡的味道，

那就再讓人開心不過了。

桑原 奈津子

CONTENTS

Part 1
VEGETABLE OILS
用植物油烤出嚮往的滋味

Part 2
TOFU OKARA
用豆腐‧豆腐渣做出日常點心

Part 3
YOGURT
用優格調配滑嫩的甜點

Part 4
FRUITS
用水果打造天然甜食

【 本食譜的注意事項 】

· 1大匙為15ml，1小匙為5ml，1cc＝1ml。液體要裝到表面張力夠滿，粉類則是以量杯平量。

· 使用中等大小的雞蛋（連殼約58～64g）。

· 若是沒有蔗糖，請用上白糖代替。

· 每個製造商的豆腐渣水分含量都不同，請依實際情況調整麵團的硬度和烤箱烘烤的時間。

· 有些食譜會在未經加熱的情況下使用洋酒。若是做給兒童、孕婦或需要開車的人食用，請去掉酒類。

· 烤箱的溫度和加熱時間都是以電烤箱為基準。若是使用瓦斯烤箱，請將溫度降低10℃。然而任何狀況下都會因機種不同而出現些許差異，請務必依照實際情形進行調整。

· 微波爐的加熱時間是以600W的機型為基準（500W機型需調整為1.2倍，700W機型需調整為0.8倍）。此外，根據機型不同多少都會出現差異，請務必依照實際情況而定。

不用奶油也很好吃的
4個理由

植物油

能夠一邊幫麵粉、蜂蜜等素材提味，同時讓烤出來的點心變得更加順口。最令人開心的地方是不必花時間恢復常溫，也不必使勁攪拌。我用的是只用物理壓榨方式，利用熱水精煉而成的無添加物菜籽油。也可以用沒有明顯味道的米糠油、白芝麻油，或是普通沙拉油代替。

VEGETABLE OILS

豆腐・豆腐渣

說到日本引以為傲的超級食品，想當然就是用黃豆製成的豆腐和豆腐渣。這兩種食物都含有蛋白質、大豆異黃酮和鈣質，豆腐渣更含有豐富的膳食纖維。溫和的口感和清淡的甘甜，讓人不光只是用來做料理，也想拿來做甜點。若是用來做烘焙點心，就可以降低麵粉的用量，進而壓低卡路里。

TOFU OKARA

本書將重點放在「植物油」、「豆腐・豆渣」、「優格」、「水果」四方面。
我所想的食譜，是教人如何將各種素材的優點，例如濃醇、香甜的滋味或紮實的口感表現出來，
並在不用奶油的前提下也能獲得滿足感。在此介紹這些不論是在點心時間、當作簡單餐點、
還是顧及身體健康狀態的時候，都能派上用場並且讓人忍不住想吃的素材。

優格

優格味道清爽，但也擁有恰到好處的濃醇感。除了做成冰涼的甜點，也很推薦做成烘焙點心，活用它彷彿水切起司般的質感。其中所含的乳酸菌，如果沒有經過加熱就能以活菌的姿態進入腸道，就算加熱過後菌株死亡，也能成為腸道內好菌的食物。配上水果等富含維生素與膳食纖維的素材，更能提高營養平衡。

水果

水果雖然可以直接拿來當成甜點，但加熱之後甜味就會濃縮，冷卻之後果肉更顯多汁，兩種方式都能加倍表現出各自的魅力。而且顏色和形狀都很可愛，就算不做太多處理，也能讓餐桌變得色彩繽紛。另外水果和洋酒、香料都很合，偶爾嚐嚐成年人的滋味也是很有趣的喔。

關於用具

「不需要特別的用具」

一說到製作點心，可能就會想到必須準備好一大堆東西。然而我實際上使用的，幾乎都是平常做菜時就會用上，大家都耳熟能詳的器具。如果是從現在開始準備，請參考後文的選擇方式。製作之前詳細閱讀食譜，準備好需要的東西之後再動手，製作過程就會順暢無比！做點心會變得更有趣，成品也會變得更好吃喔！

❶ 不鏽鋼製的調理盆

我經常使用耐酸耐熱、輕巧好拿的不鏽鋼製品。因為要在裡面攪拌或是加入過篩後的粉類，所以必須選用開口較寬敞的調理盆（理想是直徑23～25cm）。另外開口邊緣如果有捲邊，在攪拌麵團的時候會更好固定。

❷ 耐熱玻璃製的調理盆

利用微波爐進行前置作業的時候，耐熱玻璃調理盆是必備用品。此外，在打發鮮奶油霜的時候，也會為了避免金屬物質混入而使用玻璃製品。若能準備直徑約23cm的調理盆，以及其他直徑較小可以堆疊放進去的調理盆，將會非常實用。

❸ 粉篩

當點心需要用到麵粉時，過篩這個動作就會經常出現。目的是為了打散結塊並讓空氣均勻混入麵粉之中，使麵團變得更加蓬鬆。我用的粉篩能兼用「磨泥過濾」，所以可以拿豆腐或蔬菜的磨泥篩網代替。如果都沒有，也可以選用網目比較細的萬用篩網。

❹ 耐熱矽膠製的刮刀

刮刀和把手部位一體成型的矽膠刮刀很好洗，所以我特別喜歡這一種。大的用來攪拌麵糊，小的則是用在刮乾淨瓶子裡的內容物，或是攪拌份量較少的麵糊。同時為了能夠用在平底鍋上，建議選用耐熱矽膠。

❺ 打蛋器

據說鋼絲較多、硬度較硬的打蛋器，打起來會比較輕鬆。因為握把的長度和粗細各有不同，建議選用握起來最合手的。在製作戚風蛋糕這種需要打發很多蛋白霜的點心時，若是有電動打蛋器會容易許多。

❻ 電子秤

製作時若能準備一個以公克為單位，可以量到2公斤的電子秤，真的大有幫助。可以把裝有材料的調理盆直接放上去，重置數字為0再放入其他材料，就能進行測量。尤其是測量油量的時候，可以一邊測量一邊少量增加（需注意一次不要倒太多），減少了需要清洗的物品。台幣200元左右就能買到。

❼ 量匙

用來測量用量較少的泡打粉、香料或少量的液體。必備1大匙1小匙，此外若能連同1/2小匙和1/4小匙等更小單位的量匙一起準備，做起來就會更方便。不鏽鋼量匙的外型簡約，質地堅硬，不只不容易變形，還可以使用很長的時間。

❽ 烘焙紙

白色的為紙製，我主要是在用方盤烤蛋糕的時候當成底紙使用。茶色的為玻璃纖維布，上面有一層不沾黏塗層，多用於餅乾或司康餅等不需要模具的烘焙點心。可以反覆清洗使用。

Part 1
VEGETABLE OILS
用植物油烤出嚮往的滋味

彷彿會出現在英國下午茶時光的
烘焙點心＝自己動手做！
只要用油代替奶油，
不需任何困難技巧也能輕鬆完成。
其他材料也都是麵粉、雞蛋等，
家裡隨時都有的熟悉材料。
磅蛋糕、戚風蛋糕、司康餅etc.
全部都能做得清爽順口，
讓人每天都想大口吃，
每天都想親手做！

1
柳橙磅蛋糕

用油做成的磅蛋糕，最大的魅力就是只需要把材料通通攪拌均勻即可。
口感和吃完之後的感覺都很溫和。
加入大量的柳橙果汁，完成紮實又香氣迷人的磅蛋糕。

柳橙磅蛋糕

材料（約18×8.5×高6cm的磅蛋糕模具1個份）

菜籽油（或是沙拉油）… 80g

粉類

> 低筋麵粉 … 150g
>
> 泡打粉 … 1/2小匙

麵糊用

> 全蛋液 … 2個份
>
> 蔗糖 … 60g
>
> 橙皮果醬 … 60g
>
> 柳橙原汁（或100%果汁）… 2大匙

柳橙切片（厚度5mm）… 5片

最後修飾用柳橙原汁（或100%果汁）… 4大匙

前置作業

- 柳橙去皮。
- 將烤箱預熱至180度。
- 在磅蛋糕模具裡鋪好底紙（參照右下）。
- 粉類混合過篩。

作法

1 將麵糊用材料依序放入調理盆，每加入一種都要用打蛋器攪拌均勻。

2 把油倒進去（**a**），仔細攪拌至整體混合均勻且帶有濃稠感。

3 加入粉類。用刮刀從底部整個往上，像是用切的一樣迅速攪拌（**b**）。一邊把盆邊的麵糊刮下來一邊和整體混合，直到沒有粉末殘留為止。

4 將麵糊倒入模具，撫平表面（**c**），再把柳橙切片平均地放在上面（**d**）。

5 放進烤箱，用180度烤40分鐘左右。用竹籤刺進中央，如果沒有附著生麵糊就代表烤好了。

6 趁熱撕下底紙，放回模具裡。

7 用湯匙將柳橙原汁淋上去（**e**），放置冷卻後從模具中取出。

（1/8量239kcal）

note

因為不需要像奶油蛋糕一樣用力打發，所以輕鬆得令人驚訝。作法 1 之後，可以把調理盆直接放上電子秤，一邊測量一邊加油進去，就能減少需要清洗的物品（需注意一次不要倒太多）。秘訣就是在蛋液和油攪拌均勻**出現濃稠感之後馬上迅速混入低筋麵粉**，不讓麵糊變得太黏。

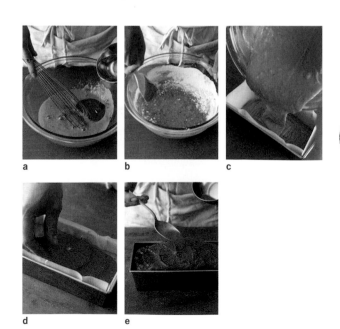

a　b　c

d　e

PICK UP! TOOL

磅蛋糕模具‧烘焙紙

關於磅蛋糕模具，最推薦導電導熱率高、能讓成品顏色均勻的錫製品。至於底紙，選用市面上販賣的磅蛋糕模具專用烘焙紙最方便。如果手邊沒有，也可以把模具放在玻璃紙（未經矽膠加工）上，順著底面和側面摺出摺痕，然後依照圖片指示位置剪開，鋪在模具裡。

2

杏仁搭配橙皮果醬的
磅蛋糕 改良版

如果沒有新鮮柳橙，也可以在表面塗上一層橙皮果醬，
再灑上杏仁，做成改良版。
添加一份爽口與香氣，又是不同的美味！

a

材料（約18×8.5×高6cm的磅蛋糕模具1個份）
菜籽油（或是沙拉油）… 80g
粉類
　低筋麵粉 … 150g
　泡打粉 … 1/2小匙
　丁香粉 … 1/4小匙（如果有的話）
麵糊用
　全蛋液 … 2個份
　蔗糖 … 60g
　橙皮果醬 … 60g
　柳橙100%果汁 … 2大匙
杏仁片 … 20g
最後修飾用柳橙100%果汁 … 4大匙
最後修飾用橙皮果醬 … 2大匙

前置作業
· 將烤箱預熱至170度。
· 在磅蛋糕模具裡鋪好底紙（參照P.12）。
· 粉類混合過篩。

作法
1 在烤盤上鋪好烘焙紙、杏仁片。以170度烤5～6分鐘，
　烤出淺黃色之後取出並放置冷卻。然後將烤箱預熱至
　180度。
2 參照P.12的作法步驟 **1** ～ **7** 進行。但省去柳橙切片，最
　後完工則是用果汁代替柳橙原汁淋上去。
3 在蛋糕表面塗上橙皮果醬（**a**），放上 **1** 的杏仁片，用
　手輕壓固定。

（1/8量262kcal）

3

胡蘿蔔蛋糕

蛋糕店和咖啡廳裡的人氣蛋糕，也可以自己動手開心做出喜歡的甜度！
加入一整根胡蘿蔔磨成的胡蘿蔔泥，口感變得更溫和。
淡淡飄香的肉桂和奶油起司霜正是最佳組合。

材料（約18×8.5×高6cm的磅蛋糕模具1個份）
菜籽油（或是沙拉油）… 70g
胡蘿蔔 … 1根（去皮後120g）
粉類
　製菓用全麥粉 … 150g
　泡打粉 … 1小匙
　肉桂粉 … ½小匙（如果有的話）
核桃（無鹽・烘烤過）… 50g
全蛋液 … 2個份
黑糖（粉末）… 60g
奶油起司霜
　奶油起司 … 50g
　砂糖粉 … 100g

前置作業
・在磅蛋糕模具裡鋪好底紙（參照P.12）。
・將烤箱預熱至180度。
・粗略敲碎核桃。
・胡蘿蔔去皮並磨成泥。
・粉類混合過篩。

作法
1 將蛋液和黑糖放入調理盆，用打蛋器充分攪拌均勻。
2 把油倒進去（**a**），仔細攪拌至整體混合均勻且帶有濃稠感。隨後加入胡蘿蔔、核桃（**b**），用刮刀攪拌至均勻分布。
3 加入粉類。用刮刀從底部整個往上，像是用切的一樣迅速攪拌。一邊把盆邊的麵糊刮下來一邊和整體混合，直到沒有粉末殘留為止。
4 將麵糊倒入模具（**c**），撫平表面。放進烤箱，用180度烤40分鐘左右。
5 用竹籤刺進中央，如果沒有附著生麵糊就代表烤好了。立刻將蛋糕連同底紙一起從模具中取出，放在散熱網上直到完全冷卻。
6 將奶油起司放進耐熱玻璃盆，蓋上保鮮膜，用微波爐加熱10～20秒，使之軟化。加入砂糖粉，用刮刀持續攪拌至整體變得光滑細緻，最後塗在蛋糕頂部（**d**）。
（⅛量為306kcal）

a

b

c

d

製菓用全麥粉

SIMPLE BAKE & SWEETS
PICK UP!
INGREDIENT

由於是將整顆小麥直接磨成粉，所以風味十分濃烈。可以吃到表皮和胚芽，因此膳食纖維、礦物質和維生素等都比普通麵粉更豐富。做點心的時候請選用標有製菓用（或低筋麵粉）的全麥粉。

4
焦糖香蕉磅蛋糕

煮出焦糖香蕉並混入麵糊，完成相當特別的一道甜點。
隱藏在甜蜜當中的些許苦澀，讓味道瞬間有了深度。
在表層放上香蕉切片，讓外觀看起來討喜可愛。

材料（約18×8.5×高6cm的磅蛋糕模具1個份）

菜籽油（或是沙拉油）… 80g

焦糖香蕉
| 香蕉（大）… 1根（去皮後150g）
| 蔗糖 … 50g

粉類
| 低筋麵粉 … 150g
| 泡打粉 … 1小匙

全蛋液 … 2個份

蔗糖 … 30g

鹽 … 一撮

最後裝飾用香蕉 … ½根（去皮後50g）

前置作業

‧ 在磅蛋糕模具裡鋪好底紙（參照P.12）。

‧ 粉類混合過篩。

作法

1 製作焦糖香蕉。香蕉剝皮後，切成厚度1.5cm的圓片。在直徑20cm的平底鍋裡放入蔗糖，一邊傾斜轉動平底鍋一邊用中火加熱3分鐘左右，融化蔗糖。

2 等蔗糖變成深茶色之後，放入 **1** 的香蕉（**a**），用耐熱刮刀大略攪動混合。小心不要燒焦。煮到還剩下少許結塊的時候將香蕉壓成泥，關火。平鋪在方盤上冷卻。

3 將烤箱預熱至180度。把蛋液、蔗糖和鹽放入調理盆，用打蛋器攪拌均勻。

4 把油倒進去，仔細攪拌至整體混合均勻且帶有濃稠感。再把 **2** 也放進去（**b**），迅速攪拌直到分布均勻。

5 加入粉類。用刮刀從底部整個往上，像是用切的一樣迅速攪拌。一邊把盆邊的麵糊刮下來一邊和整體混合，直到沒有粉末殘留為止。

6 將裝飾用的香蕉剝皮，切成薄片。將 **5** 倒入模具，撫平表面，再把香蕉薄片排列上去，每一片都要有些許重疊（**c**）。

7 放進烤箱，用180度烤50分鐘左右。用竹籤刺進中央，如果沒有附著生麵糊就代表烤好了。立刻將蛋糕連同底紙一起從模具中取出，放在散熱網上直到完全冷卻。

（⅛量為242kcal）

note

砂糖煮焦的時候，常會忍不住動手攪拌，但是**只要一動手，就會再次結晶成硬塊**。請千萬不要急躁，緩緩地傾斜轉動平底鍋，等待整體融化成焦糖色。

a

b

c

5

杏仁風味水果蛋糕

濃郁卻不過度厚重，讓人忍不住伸手再拿一片的美味秘訣就是杏仁粉。
大量加入蘭姆酒水果乾的奢侈美味，正是讓人感到自豪的食譜。

材料（約18×8.5×高6cm的磅蛋糕模具1個份）

菜籽油（或是沙拉油）… 60g

蘭姆酒水果乾

　無花果乾（軟的）… 70g

　葡萄乾（可以的話選綠葡萄乾）… 50g

　蘭姆酒 … 1大匙

黑棗乾 … 100g

杏仁粉 … 80g

粉類

　低筋麵粉 … 80g

　泡打粉 … ½小匙

全蛋液 … 2個份

蔗糖 … 100g

鹽 … 一撮

最後修飾用蘭姆酒 … 2大匙

前置作業

・在磅蛋糕模具裡鋪好底紙（參照P.12）。

・粉類混合過篩。

作法

1　製作蘭姆酒水果乾。將無花果切成6～8等分，放進耐熱調理盆，再把葡萄乾也放進去，灑上蘭姆酒。蓋上保鮮膜，用微波爐加熱1分鐘左右，大略攪拌之後放置冷卻。

2　將烤箱預熱至180度。把蛋液、蔗糖和鹽放進另一個調理盆，用打蛋器充分攪拌。

3　依序加入油和杏仁粉（**a**），仔細攪拌至整體混合均勻且帶有濃稠感。

4　加入粉類。用刮刀從底部整個往上，像是用切的一樣迅速攪拌。一邊把盆邊的麵糊刮下來一邊和整體混合，直到沒有粉末殘留為止。

5　將**1**連同湯汁一起倒進去，快速攪拌至平均分布於整體（**b**）。將½的麵糊倒入模具，撫平表面，再把黑棗乾平均放在上面（**c**）。然後倒入另一半，撫平表面。

6　放進烤箱，用180度烤1小時左右。用竹籤刺進中央，如果沒有附著生麵糊就代表烤好了。

7　立刻將蛋糕連同底紙一起從模具中取出放在散熱網上，趁熱用刷子刷上最後修飾用的蘭姆酒，連同側面全部塗滿。最後放置至完全冷卻。

（⅛量319kcal）

note

關於蘭姆酒水果乾，如果有時間的話，建議不要用微波爐加熱，而是放置1天以上慢慢入味，這樣就能增添更多風味。放在保鮮容器裡**常溫保存可以放2個月左右**，因此不妨多做一點囤積，用來灑在冰淇淋或鬆餅上，也是一個好用法。

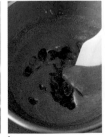

a　　　　b　　　　c

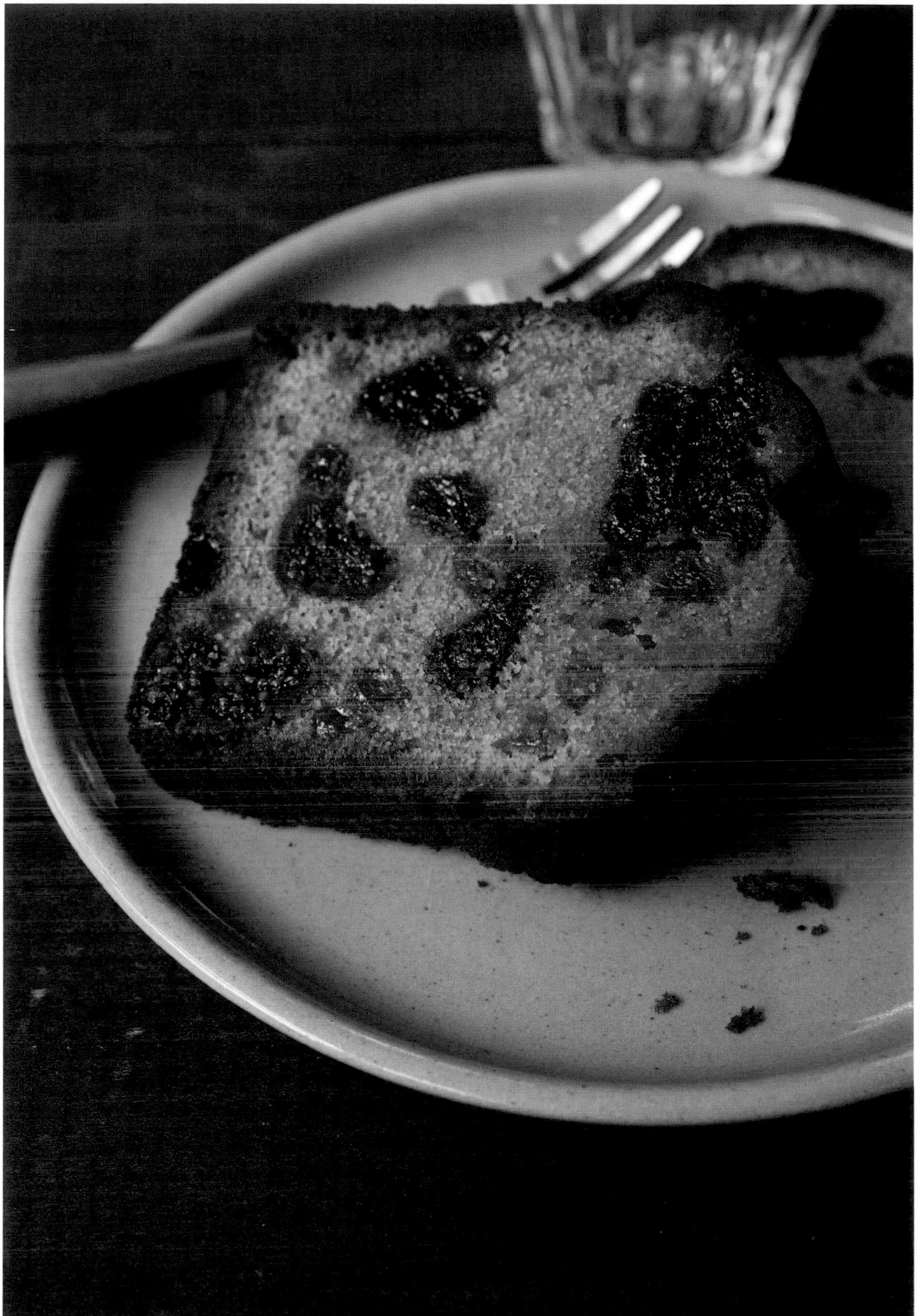

6

蜂蜜戚風蛋糕

添加蜂蜜，讓濕潤柔和的口感重新甦醒。
味道會隨著添加的蜂蜜種類不同而有所變化，
可以多方嘗試，找出自己喜歡的味道。
我個人推薦的是栗子、百里香和革木蜂蜜等風味較濃烈的蜂蜜。

材料（直徑17cm的戚風蛋糕模具1個份）

菜籽油（或是沙拉油）… 40g

蜂蜜 … 50g

蛋黃 … 3個份

低筋麵粉 … 80g

蛋白霜
| 蛋白 … 3個份
| 白砂糖 … 50g

前置作業

・將蛋白放入乾燥清潔的調理盆裡，
　放進冰箱冷卻直到使用前一刻。

・過篩低筋麵粉。

作法

1 將蛋黃和蜂蜜放入調理盆，用打蛋器打成比美乃滋稍微稀一點的黏稠狀態（**a**）。

2 加入油以及2大匙的水，仔細攪拌均勻。加入低筋麵粉，仔細攪拌至整體變得平滑。將烤箱預熱至190度。

3 製作蛋白霜。將白砂糖加入裝有蛋白的調理盆，用電動打蛋器（如果沒有就用普通打蛋器）以低速打發，直到整體變白起泡。

4 轉成高速，像是在調理盆裡面畫圓似地打發蛋白。打到拿起電動打蛋器時，蛋白會出現一個尖角（**b**）；將調理盆傾斜，蛋白也不會滑動的時候，就換成普通打蛋器仔細攪拌，調整好蛋白霜的質地。

5 將⅓的蛋白霜加入**2**的調理盆，快速仔細地攪拌，直到白色部分徹底看不見。

6 將剩下的蛋白霜全部加進去。用刮刀從底部整個往上，像是用切的一樣迅速攪拌（**c**）。一邊把盆邊的麵糊刮下來一邊混合整體，並小心不要讓泡泡消失。攪到看不見白色部分之後便迅速倒入模具裡（**d**）。

7 將表面撫平，在調理台上重敲模具1～2次，去除大氣泡。放進烤箱，用190度烤15分鐘，然後降溫至180度再烤15分鐘。

8 烤好之後立刻把模具顛倒過來，把模具中央的孔套在瓶子上，放置至完全冷卻（**e**）。

9 把刀子插進模具側面與蛋糕之間，繞著模具劃一圈，拿掉側面的模具（**f**）。然後再用同樣的方法，把刀子插進中央圓柱和蛋糕之間，以及底盤和蛋糕之間，讓蛋糕脫模。

（⅛量為158kcal）

note

要注意**如果調理盆裡有蛋黃、油或水，蛋白霜就會無法順利起泡**。另外，用電動打蛋器打出來的蛋白霜質地有點粗，所以**最後要用普通打蛋器攪拌，調整氣泡**。

a

b

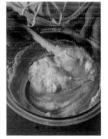
c

d

e

f

戚風蛋糕模具

我個人喜歡鋁製模具，因為導熱性佳，蛋糕體能確實膨脹，冷卻之後的回縮現象也比較少。當成小禮物送人的時候，不妨使用比較小的紙製模具，可以直接送出去（參照P.35）。

PICK UP! TOOL

7

藍莓戚風蛋糕

染上淡淡藍莓色彩的戚風蛋糕。
乾燥藍莓和藍莓果醬雙管齊下，得以享受粒粒分明的口感。
酸味適中的柔軟蛋糕，感覺不管多少都吃得下！

材料（直徑17cm的戚風蛋糕模具1個份）
菜籽油（或是沙拉油）… 40g
藍莓果醬 … 50g
藍莓乾 … 50g
蛋黃 … 3個份
低筋麵粉 … 80g
蛋白霜
| 蛋白 … 3個份
| 白砂糖 … 50g

前置作業
· 將蛋白放入乾燥清潔的調理盆裡，
  放進冰箱冷卻直到使用前一刻。
· 過篩低筋麵粉。

作法
1 將蛋黃和藍莓果醬放入調理盆（**a**），用打蛋器打成比
美乃滋稍微稀一點的黏稠狀態。

2 加入油以及50ml的水，仔細攪拌均勻。加入低筋麵
粉，仔細攪拌至整體變得平滑。將烤箱預熱至190度。

3 參考P.21的作法**3～4**，製作蛋白霜。

4 將⅓的蛋白霜加入**2**的調理盆，用打蛋器快速仔細地
攪拌，直到白色部分徹底看不見。

5 將剩下的蛋白霜全部加進去。用刮刀從底部整個往
上，像是用切的一樣迅速攪拌。一邊把盆邊的麵糊刮
下來一邊攪拌至白色部分仍然殘留，並小心不要讓泡
泡消失。

6 加入藍莓乾（**b**）。快速攪拌至看不見白色部分，然後
迅速倒入模具裡。

7 參考P.21的作法**7～9**進行烘烤冷卻，等完全冷卻之後
再讓蛋糕脫離模具。

（⅛量為169kcal）

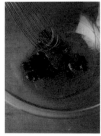
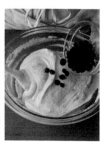

a   b

8

紅茶戚風蛋糕

為了能享用到更濃郁的芳香，
必須將濃泡的伯爵茶，以及茶葉一起加進去。
紅茶葉不必花時間切碎，用茶包就能輕鬆完成。

a   b

材料（直徑17cm的戚風蛋糕模具1個份）
菜籽油（或是沙拉油）… 40g
紅茶（伯爵茶・茶包）… 4個（約8g）
蛋黃 … 3個份
蔗糖 … 30g
低筋麵粉 … 80g
蛋白霜
 蛋白 … 3個份
 白砂糖 … 50g

前置作業
・將蛋白放入乾燥清潔的調理盆裡，
 放進冰箱冷卻直到使用前一刻。

作法
1 將1個紅茶茶包放進茶壺，加入滾水80ml浸泡3分鐘左
 右，取出茶包。等茶冷卻後量50ml出來。過篩低筋麵
 粉。

2 將蛋黃和蔗糖放入調理盆，用打蛋器打成比美乃滋稍
 微稀一點的黏稠狀態。加入油以及 **1** 的紅茶（**a**），仔
 細攪拌均勻。

3 加入低筋麵粉，仔細攪拌至整體變得平滑。將泡過的
 茶包剪開，取出茶葉加入麵糊裡（**b**），仔細攪拌直到
 分布均勻。將烤箱預熱至190度。

4 參考P.21的作法 **3～9** 進行烘烤冷卻，等完全冷卻之後
 再讓蛋糕脫離模具。

（⅛量為172kcal）

a

可可亞戚風蛋糕

一旦加入可可粉，蛋白霜的泡泡就會變得很容易消失，
所以製作過程一定要快！這一點務必謹記。
帶著蘭姆酒微苦風味的蛋糕，和鮮奶油是最佳搭配。

材料（直徑17cm的戚風蛋糕模具1個份）
菜籽油（或是沙拉油）… 40g
粉類
　低筋麵粉 … 65g
　可可粉 … 15g
蛋黃 … 3個份
蔗糖 … 30g
蘭姆酒 … 1小匙
蛋白霜
　蛋白 … 3個份
　白砂糖 … 50g
打發鮮奶油
　鮮奶油（乳脂肪含量45～46%）… 100ml
　白砂糖 … 2小匙

前置作業
・將蛋白放入乾燥清潔的調理盆裡，
　放進冰箱冷卻直到使用前一刻。

作法
1 將粉類混合過篩（**a**）。
2 將蛋黃和蔗糖放入調理盆，用打蛋器打成比美乃滋稍
　微稀一點的黏稠狀態。
3 加入油、3大匙的水以及蘭姆酒，仔細攪拌均勻。加入
　粉類，仔細攪拌至整體變得平滑。將烤箱預熱至190
　度。
4 參考P.21的作法**3**～**9**進行烘烤冷卻，等完全冷卻之後
　再讓蛋糕脫離模具。
5 將打發鮮奶油材料全部放入調理盆，用打蛋器打發到
　自己喜歡的程度，放在蛋糕旁邊。
（1/8量為225kcal）

10

核桃司康餅

只需要一個製作麵糊的調理盆就OK。
脫模動作太麻煩，所以試著寫成只要切開就能完成的食譜。
外皮酥脆、內部鬆軟，口感溫和，
粒粒分明的核桃是其最大的亮點。

材料（6個）

菜籽油（或是沙拉油）… 50g

核桃（無鹽・烘烤過）… 60g

粉類

┃ 低筋麵粉 … 250g

┃ 泡打粉 … 1又½小匙

豆漿（無糖）… 80ml

蔗糖 … 20g

蜂蜜 … 20g

鹽 … 一撮

前置作業

・在烤盤上鋪好烘焙紙。

・將烤箱預熱至190度。

・粉類混合過篩。

作法

1 將核桃切成大顆粒。

2 將豆漿、蔗糖、蜂蜜和鹽放入調理盆，用打蛋器攪拌。加入油（**a**），仔細攪拌直到分布均勻。

3 加入粉類和核桃。用刮刀從底部整個往上，像是用切的一樣加以攪拌。一邊把盆邊的麵糊刮下來一邊和整體混合，直到殘留些許粉末（**b**）。

4 撕一片稍大的保鮮膜鋪平，拿出麵團，用手搓揉成團。

5 用大小足夠的保鮮膜將麵團包起來（**c**），隔著保鮮膜，用擀麵棍從遠到近滾動，再將麵團轉動90度反覆同樣的動作，將麵團調整成同樣厚度、約15×10cm的大小（**d**）。

6 取下保鮮膜，將麵團平均切成6等分的正方形（**e**），保持一定間隔放在烤盤上（**f**）。

7 用190度烤20分鐘左右，直到焦黃。放在散熱網上稍微冷卻。

（1個為327kcal）

note

麵團可以冷凍保存一個星期。用保鮮膜把切好的麵團一塊一塊分別包好後裝進夾鍊袋，放入冷凍即可。在烘烤前30分鐘拿出來恢復成室溫，依照作法**7**進行烘烤，就能隨時享用剛出爐的司康餅。

a

b

c

d

e

f

11

南瓜司康餅

南瓜連皮一起搗成泥加進麵糊中，就能吃到所有的美味與營養。
秘密配方就是將溫和的甘甜濃縮起來的肉桂粉。
切成可愛的三角型進行烘烤吧！

材料（8個）
菜籽油（或是沙拉油）… 60g
南瓜 … ⅛個（去皮後120g）
粉類
| 低筋麵粉 … 200g
| 泡打粉 … 1小匙
| 肉桂粉 … 少許
蔗糖 … 50g
鹽 … 一撮
豆漿（無糖）… 50ml

前置作業
・在烤盤上鋪好烘焙紙。
・南瓜去心去籽，將表皮洗乾淨，擦乾水分。

作法

1 將南瓜切成4～5等分。放進耐熱調理盆蓋上保鮮膜，用微波爐加熱3分30秒左右，直到可以用竹籤順利穿過。粉類混合均勻並過篩。

2 將南瓜放進調理盆，趁熱用擀麵棍搗成泥。加入蔗糖、鹽和豆漿，用刮刀攪拌均勻。加入油（**a**），仔細攪拌直到分布均勻。將烤箱預熱至190度。

3 將粉類加入 **2** 的調理盆中。用刮刀從底部整個往上，像是用切的一樣加以攪拌（**b**）。一邊把盆邊的麵糊刮下來一邊和整體混合，直到殘留些許粉末。

4 撕一片稍大的保鮮膜鋪平，拿出麵團，用手搓揉成團。用大小足夠的保鮮膜將麵團包起來，隔著保鮮膜，用手將麵團調整成同樣厚度、邊長約16cm的四方型（**c**）。

5 取下保鮮膜，將麵團平均切成8等分的三角型，保持一定間隔放在烤盤上。

6 用190度烤25分鐘左右，直到焦黃。放在散熱網上稍微冷卻。

（1個為205kcal）

note

每個南瓜的水分含量差異相當大，所以**使用微波爐加熱時請一邊觀察狀態一邊加熱**。

a

b

c

12

全麥粉奶油酥餅

這是蘇格蘭的傳統烘焙點心。可憑心情搭配濃泡的紅茶。
使用越咀嚼就越能感受到小麥風味的全麥粉，
做出嚼勁十足的口感。

材料（10個）
菜籽油（或是沙拉油）… 50g
粉類
　製菓用全麥粉（詳見P.14）… 100g
　低筋麵粉 … 50g
蔗糖 … 50g
鹽 … 一撮
牛奶 … 2小匙

作法

1 將粉類混合過篩後放入調理盆，加入蔗糖和鹽，用刮
　刀快速攪勻（**a**）。

2 加入油，用刮刀從底部整個往上，像是用切的一樣迅
　速攪拌。一邊把盆邊的麵糊刮下來一邊和整體混合，
　直到變成鬆軟的顆粒狀（**b**）。

3 加入牛奶，攪拌均勻。用手稍微搓揉，將調理盆中的
　麵團揉成一大塊。

4 撕一片稍大的保鮮膜鋪平，拿出麵團，用大小足夠的
　保鮮膜將麵團包起來（**c**）。將烤箱預熱至180度。

5 隔著保鮮膜，用擀麵棍從遠到近滾動，再將麵團轉動
　90度反覆同樣的動作，將麵團調整成同樣厚度、邊長
　約13cm的四方型（**d**）。

6 取下保鮮膜，用刀子將麵團橫向對切，再直切成5等
　分，保持一定間隔放在烤盤上。用竹籤在每一塊麵團
　上等距刺出8個洞（**e**）。

7 用180度烤16分鐘左右，直到焦黃。拿出烤盤直接放置
　冷卻。

（1個為118kcal）

note

作法跟材料都很簡單，所以不妨試著用黑糖（粉狀）代替蔗糖，
或是用粗粒黑胡椒和芝麻來增添香氣，做出自己喜歡的變化。**如
果沒有全麥粉，也可以用相同份量的低筋麵粉代替。**

a

b

c

d

e

13

芝麻雪球餅乾

別名Snow ball，模仿雪球形象做成的圓形餅乾。
在口中鬆鬆軟軟地散開的口感，不難想像為什麼有這麼多人喜歡它。
原本應該用杏仁粉製作，不過這裡改用芝麻代替，試著做出日式的風味。

材料（40個）

菜籽油（或是沙拉油）… 30g
白芝麻醬 … 50g
炒白芝麻 … 20g
低筋麵粉 … 120g
蔗糖 … 30g
鹽 … 一撮
最後修飾用蔗糖 … 適量

前置作業

· 在烤盤上鋪好烘焙紙。
· 將烤箱預熱至180度。
· 過篩低筋麵粉。

作法

1 將油和芝麻醬放入調理盆，用打蛋器仔細攪拌成黏稠狀（**a**）。

2 加入蔗糖和鹽仔細攪拌均勻，再加入炒芝麻快速混合。

3 加入低筋麵粉。用刮刀從底部整個往上，像是用切的一樣加以攪拌（**b**）。一邊把盆邊的麵糊刮下來一邊和整體混合，直到沒有粉末殘留為止。

4 將麵團揉成一大塊，用手指進行按壓，將每個 1/40（約1小匙多）的麵團捏成圓型（**c**）。

5 保持一定間隔放在烤盤上，用180度烤15分鐘左右。

6 連同烤盤整個拿出來，趁熱灑上最後修飾用的蔗糖，然後放置至完全冷卻。

（1個為33kcal）

note

因為麵團容易碎裂，**必須先用手指輕輕按壓，擠出麵團裡的空氣**，然後再慢慢調整成圓形。

a

b

c

包裝也走簡約風!

我平常常做的點心,就跟這本書裡介紹的一樣,都是一些烤好就完工的簡單甜點。送給朋友的時候,也比較像是「分一點小東西給你」的感覺,而不是什麼花費心思完成的大禮。甜點或包裝都幾乎沒有任何裝飾。這是因為甜點本身就已經很可愛了!舉凡蠟紙、空罐和天然素材的容器等,這些隨手可得的物品,能讓人感受到濃濃的親切感。也可以存放在大型空罐裡,用彩色的棉繩或緞帶增添一點小小的色彩。我的心願就是希望收下東西的人也能輕鬆享用這些點心。

＼ 有這些工具超方便! ／

將OPP袋加熱就能進行密封的封口機是我的最愛。由於機器本身具有重量,可以穩定地放在桌上,加工起來也很輕鬆。如果不希望餅乾之類的點心受潮,可以把乾燥劑一起放進去。

※甜點材料行「クオカ」(詳見P.96)等店面皆有販售。

像鋁箔、紙張或木製等用過即丟的免洗模具,形狀和大小種類都很豐富。例如照片裡的★,是P.35左上角WRAPPING 3「パ二ムールPanimoules」的另一個型號。不論哪一種都擁有適當的硬度,拿來包裝烘烤品最適合不過。

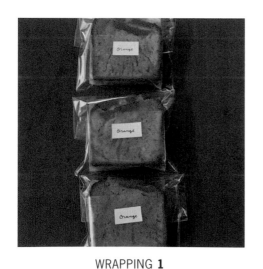

WRAPPING 1
- - - - - - - -
切片之後很可愛的蛋糕
適合放進透明OPP袋

將磅蛋糕切片之後放進OPP袋(聚丙烯製的透明袋),就能在看得到切面的同時保持濕潤。如果蛋糕跟袋子黏在一起就會很難拿出來,所以也可以先用烘焙紙將蛋糕包起來再放進透明袋裡。上面貼上寫有甜點名稱的標籤或紙膠帶。

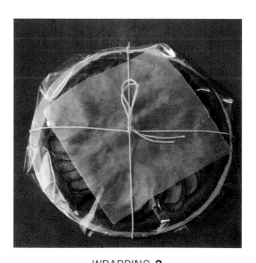

WRAPPING 2
- - - - - - - -
容易變形的派塔
就用硬底盤來支撐

將硬紙板剪成比派塔稍大的圓形,再用鋁箔紙包起來,就能完成硬底盤。將派塔放上去之後,用透明玻璃紙從上方包住,以紙膠帶或釘書機固定。另外加上的單薄烘焙紙以及綁成十字的棉繩,不著痕跡地加深了整體印象。

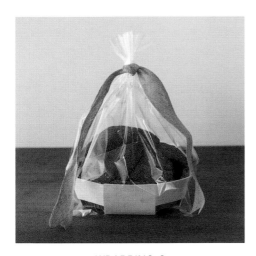

WRAPPING **3**

將天然素材製成的模具
加工成提籃

這是以白楊木製成的法國品牌模具「バニムールPanimoules」。我家隨時都備有各種尺寸，不過最大的尺寸最適合加工成籃子盛裝司康餅。將玻璃紙墊在底下，做成袋狀，再剪一條長緞帶綁在稍高的位置上，就能展現出淡淡的成熟風情。

WRAPPING **4**

若有似無的透視感
增加可愛度

用石蠟紙製成的「WAXTEX防油紙袋」不會滲油，因此最適合拿來包裝奶油酥餅或餅乾。在對摺封口的時候，拿一條稍粗的棉繩放在內側，再把袋口像是捲住棉繩般向下摺好，這樣就能讓棉繩變成紙袋的提把。

WRAPPING **5**

用紙製模具
烤出小小的戚風蛋糕

P.20～25的戚風蛋糕麵糊，份量剛好可以倒滿兩個直徑12～13cm的紙製戚風蛋糕模具（烘烤時間大概是190度烤10分鐘，然後調降至180度再烤10分鐘）。一個大概是2～3人可以吃完的份量。可以另外附上莓果或奶油等能夠提升濕潤度的配料。

WRAPPING **6**

拿有蓋子的玻璃瓶
充當容器

需要冷卻凝固的甜點，例如P.38的生乳酪蛋糕、P.42的巧克力慕斯，以及P.68的優格布丁等，如果能把每1人份分裝在玻璃瓶裡，看起來就會像是以外帶出名的蛋糕店商品。可以附上湯匙，再用緞帶綁好固定。另外也別忘了在瓶蓋上放置保冷劑。

Part 2
TOFU OKARA
用豆腐・豆腐渣做出日常點心

想要盡情裝滿所有容器的
生乳酪蛋糕和巧克力慕斯。
想要熱呼呼地送進嘴裡的
甜甜圈和蒸麵包……
若是以豆腐和豆腐渣為底,
作法就會一口氣變簡單,對身體也更有益,
更開心的是可以毫無顧忌地大口吃下肚!
以下全部都是想到就能做,
不會讓人緊張兮兮的食譜。

14
豆腐生乳酪蛋糕 佐柚子醬

像是在品嘗軟綿綿的溫和口感一般，
盡可能將明膠的用量減少至最低，也是我的自信之作。
請搭配香氣清爽的柚子醬一起享用。

豆腐生乳酪蛋糕佐柚子醬

材料（成品約600ml）

麵糊用

　豆腐（嫩豆腐或一般豆腐）… 150g

　奶油起司 … 100g

　原味優格 … 100g

　白砂糖 … 40g

　檸檬原汁 … 1小匙

明膠粉 … 3g

柚子醬

　黃色柚子 … 1個（約140g）

　白砂糖 … 80g

前置作業

・將奶油起司放入稍大的調理盆，
　放置在室溫下直到軟化。

・將3大匙的水倒入稍小的耐熱容器，
　篩入明膠粉，蓋上保鮮膜。

・用廚房紙巾輕輕按壓豆腐，去除水氣。

作法

1 用打蛋器將奶油起司打成乳霜狀。加入豆腐（**a**），仔
　細攪拌直到變得滑順。

2 將剩下的麵糊用材料依序放進去，每加入一種都要用
　打蛋器攪拌均勻。

3 明膠用微波爐加熱約30秒，仔細攪拌溶化。

4 將**3**加入放有麵糊的調理盆（**b**），仔細攪拌直到分布
　均勻。倒入保存容器，蓋上蓋子，放進冰箱冷藏2～3
　小時冷卻凝固。

5 柚子橫向對切，將果汁榨入耐熱調理盆，去除種籽。
　果皮直向對切，再連薄膜一起切成細絲，和白砂糖一
　起放入裝有果汁的調理盆，蓋上保鮮膜（**c**）。用微波
　爐加熱2分鐘左右，然後快速拌勻。

6 將**4**盛裝在盤子上，加上柚子果醬後食用。

（1/6量為172kcal）

note

沒有柚子的季節，也可以加上自己喜歡的果醬。或是拿冷凍綜合
莓果140g，不切直接和白砂糖50g、檸檬原汁1/2小匙混合均勻，
同樣用微波爐加熱後放上去也行。

a　　　　　b　　　　　c

材料（容量200ml的玻璃容器4個份）

麵糊用

　豆腐（嫩豆腐或一般豆腐）… 150g

　奶油起司 … 100g

　原味優格 … 100g

　白砂糖 … 40g

　檸檬原汁 … 1小匙

麵糊用明膠粉 … 3g

果凍液用

　葡萄果汁（果汁含量100％）… 200ml

　白砂糖 … 20g

果凍液用明膠粉 … 3g

前置作業

・將奶油起司放入稍大的調理盆，
　放置在室溫下直到軟化。

・將3大匙的水倒入稍小的耐熱容器，
　篩入麵糊用明膠粉，蓋上保鮮膜。

・用廚房紙巾輕輕按壓豆腐，去除水氣。

作法

1 參考P.38的作法 **1**～**4**，製作生乳酪蛋糕。不過麵糊必
　須平均倒入玻璃容器裡。

2 將2大匙的水放入稍小的耐熱調理盆，篩入果凍液用明
　膠粉。蓋上保鮮膜，放進微波爐加熱約30秒，仔細攪
　拌溶化。

3 將果凍液用材料放入調理盆，仔細攪拌直到白砂糖溶
　化。

4 將溶化後的明膠倒入 **3**，仔細攪拌直到分布均勻。等量
　倒入 **1** 的玻璃容器，蓋上保鮮膜放進冰箱冷藏2小時左
　右冷卻凝固。

（1個為210kcal）

15

雙層豆腐生乳酪蛋糕 改良版

將每1人份分裝在玻璃杯或玻璃瓶裡，看起來也很可愛喔。

倒進果凍液製造雙層效果，

就可以同時享受口感不同於乳酪蛋糕的滑溜溜果凍。

16

豆腐奶油鬆餅

加在上面的奶油，只需要將豆腐和蔗糖攪拌均勻即可。
用香草精增添香氣，就不會注意到豆腐特有的黃豆臭味了。
鬆餅的麵糊也是用豆腐做成，是有益於身體健康的一道甜點。

材料（直徑約10cm的鬆餅4片）
麵糊用
| 豆腐（嫩豆腐或一般豆腐）… 200g
| 蛋 … 1個
| 蔗糖 … 20g
| 鹽 … 一撮
| 菜籽油（或是沙拉油）… 30g
粉類
| 低筋麵粉 … 100g
| 泡打粉 … 1小匙
佐料用
| 楓糖漿、香蕉切片 … 適量
菜籽油（或是沙拉油）… 適量
豆腐奶油
| 豆腐（嫩豆腐或一般豆腐）… 150g
| 蔗糖 … 15g
| 香草精 … 幾滴

前置作業
・用廚房紙巾包住豆腐奶油的豆腐，放在淺盤之類的
　容器裡，上面壓上一定重量的物品，例如疊在一起的
　盤子，放置30分鐘瀝乾水分（**a**）。
・粉類混合過篩。

作法
1 將雞蛋打入調理盆，再把除了油以外的麵糊用材料全
　部放進去。用打蛋器碾碎豆腐（**b**），仔細攪拌至整體
　變得平滑。加入油，仔細攪拌直到分布均勻。
2 加入粉類。用刮刀從底部整個往上，像是用切的一樣
　加以攪拌。一邊把盆邊的麵糊刮下來一邊和整體混
　合，直到沒有粉末殘留為止。

3 將豆腐奶油的材料放入研磨缽，用研磨棒仔細攪拌至
　整體變得平滑（**c**）。
4 用稍弱的中火加熱平底鍋，抹上薄薄一層油。用耐熱
　刮刀挖出¼的麵糊放進鍋子裡，調整成圓形。
5 等麵糊邊緣變乾，開始出現焦黃色的時候就翻面
　（**d**）。再煎1～2分鐘，等出現焦黃色之後就裝盤。剩
　下的麵糊比照辦理。
6 將適量的豆腐奶油和香蕉切片放在 **5** 上，淋上楓糖漿
　食用。
（½量為522kcal）

𝓷𝓸𝓽𝓮
**如果手邊沒有研磨缽，可以把豆腐奶油的材料用過濾網磨進調理
盆**，再用打蛋器仔細攪拌至整體變得平滑。

a　　　　　　b

c　　　　　　d

17

豆腐巧克力慕斯

充分活用豆腐磨成泥之後的蓬鬆感，
不必製作蛋白霜也不須打發鮮奶油的超簡單食譜。
巧克力的量雖然僅有豆腐的一半，不過只要稍微加入一點鮮奶油，就會出現驚人的濃醇香。

材料（成品約350ml）
豆腐（嫩豆腐或一般豆腐）… 200g
苦巧克力 … 100g
鮮奶油（乳脂肪含量35～36％）… 50ml
蘭姆酒 … ½小匙
灑在成品上的可可仁
　（如果沒有就用喜歡的堅果）… 適量

作法

1 用菜刀將巧克力切成小塊，放入耐熱調理盆，加入鮮奶油。

2 拿一個直徑比 **1** 的調理盆小一圈的鍋子煮水，煮沸之後關火。把巧克力的調理盆底部浸在熱水裡，用刮刀攪拌至完全融化（隔水加熱・**a**）。

3 在另一個調理盆裡將豆腐磨成泥（**b**）。

4 將蘭姆酒和已經融化的巧克力加進去，用打蛋器仔細攪拌至整體變得平滑（**c**）。倒入保存容器，蓋上蓋子，放進冰箱冷藏2小時左右冷卻凝固。

5 盛裝至容器，灑上可可仁。

（⅙量為163kcal）

note

巧克力可以選用甜點專用巧克力，或一般巧克力板片。 如果使用甜點材料行販賣的方格狀巧克力，就能省去切塊的麻煩，做起來更輕鬆。

可可仁

PICK UP!
INGREDIENT

將可可豆磨碎製成，香氣甘甜，就像巧克力一樣。味道吃起來微苦，同時也能品嘗到脆脆的口感。含有豐富的多酚和兒茶素，在「超級食物」當中也大受歡迎！

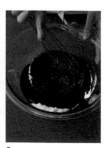

a　　　　b　　　　c

18

沖繩風味豆腐甜甜圈

過去造訪沖繩時，當地的阿姨們教了我作為這道甜點基底的沖繩口味，
口感Q彈的麵團還有香氣濃厚的黑糖風味，讓人吃了還想再吃。

a   b

材料（直徑5cm大小約12個份）
豆腐（嫩豆腐或一般豆腐）… 150g
白玉粉 … 50g
粉類
 低筋麵粉 … 100g
 泡打粉 … 1小匙
全蛋液 … 1個份
黑糖（粉狀）… 50g
油炸油 … 適量

前置作業
· 粉類混合過篩。

作法

1 將豆腐和白玉粉放入調理盆（**a**），一邊用刮刀壓爛豆
 腐，一邊仔細攪拌至整體變得平滑。

2 加入黑糖和蛋液，仔細攪拌直到分布均勻。

3 加入粉類，用刮刀從底部整個往上，像是用切的一樣
 加以攪拌。一邊把盆邊的麵糊刮下來一邊和整體混
 合，直到沒有粉末殘留為止。

4 油炸油加熱至低溫（請見下方註記）。用稍大的湯匙
 挖起**3**的1/12量，再用另一支湯匙稍微調整成圓形，放
 入油鍋裡（**b**）。剩下的比照辦理。油炸3分鐘左右，
 炸得焦黃之後再瀝乾油。

（1個為127 kcal）

🌡 **油炸油的溫度**

低溫＝160～165度。將一小撮麵團丟下去，
麵團會先沉到鍋底，然後再慢慢浮上來的程度。

材料（約12cm的四方形耐熱容器1個份）

豆腐（嫩豆腐或一般豆腐）… 150g

葛粉 … 50g

蔗糖 … 30g

抹茶 … 1小匙

白腎豆做的甘納豆 … 50g

前置作業

・將蒸籠的水煮開。

作法

1 將蔗糖和抹茶放入調理盆，用打蛋器仔細攪拌直到硬塊消失。

2 用廚房紙巾輕按豆腐去除水氣，加入 **1**（**a**）。一邊用打蛋器搗成泥，一邊仔細攪拌直到分布均勻。

3 將葛粉和2大匙的水加入麵糊（**b**），用打蛋器仔細攪拌至整體變得平滑。

4 過濾麵糊，磨進另一個調理盆（**c**）。倒入耐熱容器裡，均勻地灑上甘納豆。

5 放進已經滾水的蒸籠裡，蓋上蓋子，以稍弱的中火蒸30分鐘左右。

6 取出冷卻，再用保鮮膜包起來放進冰箱冷藏1小時左右。切成4等分的三角形。

（¼ 量為133kcal）

note

要是冰太久或是隔天才食用的話，澱粉會劣化，所以**請盡可能在做好的當天吃完。**

葛粉

PICK UP! INGREDIENT

完全以豆科植物「葛」的根為原料製成的澱粉（有些葛粉是以地瓜等植物為原料）。除了和菓子之外，也可以用在增加料理的黏稠度。另外，葛粉自古以來也廣泛使用在中藥當中，一般認為具有溫暖身體的效果。

a　　b　　c

19 豆腐抹茶葛粉糕

這是厚重又嚼勁十足的關東口味。
本來應該在鍋子裡仔細攪拌才能完成的麵團，
改用豆腐替代，就變成了輕鬆上手的食譜。

20

豆腐起司蒸麵包

飄散著蒸氣，軟呼呼熱騰騰的蒸麵包。不論是剛出爐，
還是冷了之後都很好吃，而且份量感十足，也可以拿來代替正餐。
只需要一個調理盆的麵糊，然後不斷加東西進去混合即可。
蒸煮期間還可以為出門做準備，所以當成早餐也是個好選擇喔！

材料（直徑約7.5×高4cm的鋁杯6個份）

豆腐（嫩豆腐或一般豆腐）… 150g

帕馬森起司（粉狀）… 40g

全蛋液 … 1個份

蔗糖 … 50g

菜籽油（或是沙拉油）… 30g

粉類

低筋麵粉 … 100g

泡打粉 … 1小匙

前置作業

・將大小合適的透明紙杯模放進鋁杯。

・將蒸籠的水煮開。

・粉類混合過篩。

作法

1 將豆腐、起司、蛋液、蔗糖和油放入調理盆，用打蛋器一邊碾碎豆腐一邊仔細攪拌。

2 加入粉類。用刮刀從底部整個往上，像是用切的一樣加以攪拌（**a**）。一邊把盆邊的麵糊刮下來一邊和整體混合，直到沒有粉末殘留為止。

3 將**2**平均裝入鋁杯。放進已經滾好的蒸籠裡（**b**），蓋上蓋子，以稍弱的中火蒸18分鐘左右。用竹籤刺進中央，如果沒有附著生麵糊就代表蒸好了（**c**）。

（1個為199kcal）

note

因為是紮實又稍硬的麵團，所以蒸煮時間較長。麵包的蒸煮進度會因為火力大小和蒸氣接觸程度而多少有些差異，所以**請一定不要忘記用竹籤確認。**

a

b

c

21

地瓜蒸麵包 改良版

將地瓜切成骰子狀，和麵團一起蒸，
就能增加淡淡的甜味。

材料（6個）**和作法**

1 將60g的帶皮地瓜洗乾淨，擦乾水分，切成5mm的骰子狀。

2 參考上方「豆腐起司蒸麵包」的材料、前置作業和作法**1**～**2**製作麵團，然後將½的麵團等量裝入鋁杯。

3 將½的地瓜平均加入，再把剩下的麵團和剩下的地瓜依序裝進去。參考上方作法**3**，將蒸煮時間調整成19～20分鐘。

（1個為213kcal）

22

豆腐黑芝麻布丁

用明膠凝固的簡單布丁。擁有香醇濃郁的黑芝麻風味，
但吃起來仍然清爽的理由，就在於豆腐的神奇力量。我依照自己的喜好降低了布丁的甜度，
故只須攪拌就能快速完成，淋上自製黑糖蜜的布丁。

材料（容量150ml的玻璃杯4個份）
豆腐（嫩豆腐或一般豆腐）… 150g
蔗糖 … 30g
黑芝麻醬 … 50g
牛奶 … 200ml
明膠粉 … 5g
黑糖蜜
┃ 黑糖（粉狀）… 30g
┃ 熱水 … 2小匙

前置作業
· 將3大匙的水倒入稍小的耐熱容器，
　篩入明膠粉，蓋上保鮮膜。

作法
1 將豆腐、蔗糖、黑芝麻醬放入調理盆，用打蛋器仔細
　攪拌至整體變得平滑（**a**）。
2 一點一點地加入牛奶，每加入一次都要仔細攪拌
　（**b**）。
3 明膠用微波爐加熱約30秒，一邊觀察情況一邊仔細攪
　拌溶化。加入**2**（**c**），仔細攪拌直到分布均勻。
4 等量倒入玻璃杯，蓋上保鮮膜，放進冰箱冷藏1小時以
　上冷卻凝固。
5 將黑糖蜜的材料放入耐熱容器，仔細攪拌溶化黑糖
　（如果無法完全溶化，請蓋上保鮮膜放進微波爐，加
　熱20秒之後再攪拌）。然後適量倒在**4**上面。

（1個為190kcal）

note

這道食譜用的是香氣更濃郁的黑芝麻醬，不過**也可以依照個人喜**
好拿白芝麻醬代替。瓶裝芝麻醬有時會出現油水分離的情況，請
在瓶內仔細攪拌之後再計算重量。

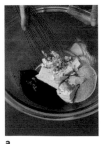  

a　　　　　　　　　b　　　　　　　　　c

SIMPLE BAKE & SWEETS

23

檸檬風味豆腐渣瑪芬蛋糕

如果是用了豆腐渣的麵團，就算沒有奶油也能烤得綿密紮實。
秘訣在於讓蛋糕和糖衣整體散發出檸檬的香氣，
讓完成品入口清爽。

材料（直徑7cm×高3cm的瑪芬蛋糕模具5個份）

豆腐渣 … 100g

粉類

| 低筋麵粉 … 100g

| 泡打粉 … 1小匙

蔗糖 … 80g

蛋 … 1個

菜籽油（或是沙拉油）… 70g

牛奶 … 2大匙

檸檬原汁 … 1大匙

鹽 … 一撮

糖衣

| 砂糖粉 … 50g

| 檸檬原汁 … 1小匙多～1又½小匙

檸檬（日本產‧無打蠟）的表皮切絲 … ½個

前置作業

・將烤箱預熱至190度。

・在瑪芬蛋糕模具裡鋪好尺寸相符的透明紙杯模。

・粉類混合過篩。

作法

1 在調理盆裡打散雞蛋，加入蔗糖和鹽，用打蛋器仔細攪拌。

2 加入豆腐渣，剛開始先壓散它，然後再仔細攪拌至整體變得平滑（**a**）。

3 依序加入牛奶、檸檬原汁和油，每加入一種都要仔細攪拌至整體變得平滑。

4 加入粉類，攪拌直到沒有粉末殘留為止（**b**）。

5 將麵糊平均倒入5個模具裡（**c**），放進烤箱用190度烤18分鐘左右，直到出現焦黃色。

6 用竹籤刺進中央，如果沒有附著生麵糊就代表烤好了。放在散熱網上冷卻。

7 將糖衣的砂糖粉放進另一個稍小的調理盆，一點一點地加入檸檬原汁並攪拌。等稠度達到用湯匙撈起會緩慢掉落的程度就OK了。

8 將 **7** 平均淋在5個瑪芬蛋糕上，用湯匙背面稍微鋪開（**d**）。趁表面還沒乾之前，將切絲的檸檬皮平均放上去。

（1個為335kcal）

note

如果沒有日本產無打蠟的檸檬就省略這個步驟，**改成在食用前灑上砂糖粉來代替糖衣。**

瑪芬蛋糕模具

容易清洗的氟樹脂加工模具是我的最愛。因為會頻繁使用，所以方便進出烤箱也是選擇重點之一。可以搭配使用市售的各種不同花紋的紙製模具。

SIMPLE BAKE & SWEETS
PICK UP! TOOL

a

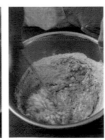

b

c

d

24

豆腐渣甜甜圈

〜焙茶口味・黃豆粉口味〜

圓圓的形狀，溫和的口感，讓人覺得心裡暖洋洋的王道點心，甜甜圈。

加了豆腐渣的麵糊，與日式的香氣是最佳組合。

因為水分偏多，必須用袋子擠出來才能做出圓形。

材料（各5個）

豆腐（嫩豆腐或一般豆腐）… 150g

粉類

| 低筋麵粉 … 150g
| 泡打粉 … 1又½小匙

蛋 … 1個

蔗糖 … 70g

牛奶 … 50ml

鹽 … 一撮

焙茶（茶包）… 2個（約4g）

黃豆粉砂糖

| 黃豆粉 … 30g
| 蔗糖 … 20g

油炸油 … 適量

前置作業

・撕開焙茶茶包，拿出茶葉。

・準備10張裁成邊長10cm的四方形烘焙紙。

・準備1個擠麵糊用的厚塑膠袋。

・將黃豆粉砂糖的材料在另一個塑膠袋裡混合均勻。

・粉類混合過篩。

🌡 炸油的溫度

低溫＝160～165度。將一小撮麵團丟下去，
麵團會先沉到鍋底，然後再慢慢浮上來的程度。

作法

1 將蛋打入調理盆打散，依序加入蔗糖、鹽和牛奶，每加入一種都要用打蛋器仔細攪拌。

2 加入豆腐渣（**a**），剛開始先壓散它，然後再仔細攪拌至整體變得平滑。

3 加入粉類。用刮刀從底部整個往上，像是用切的一樣加以攪拌。一邊把盆邊的麵糊刮下來一邊和整體混合，直到沒有粉末殘留為止。

4 將½的麵糊放入厚塑膠袋裡。然後將焙茶茶葉加進剩下的麵糊，快速攪拌直到分布均勻（**b**）。

5 將**4**的塑膠袋角落剪開大約1cm長的開口。在事先準備好的烘焙紙上，擠出5個直徑7cm～8cm的環狀麵糊。

6 將焙茶麵糊裝入同一個塑膠袋裡，小心不要讓麵糊漏出來，然後同樣擠出5個（**c**）。

7 一次油炸3～4個環狀麵糊。油炸油加熱至低溫（請見左下方註記），再將擠好的麵糊連同烘焙紙，順著鍋邊送進油鍋內（**d**）。

8 途中烘焙紙自動脫落的時候就拿起來，油炸2分鐘左右。然後翻面再炸1分鐘，取出瀝乾油。將原味的甜甜圈放入黃豆粉砂糖的袋子裡，裹上黃豆粉。

（焙茶口味1個164kcal ／黃豆粉口味1個207kcal）

note

麵糊攪拌過頭會變硬，所以**一但加入了粉類就要迅速地攪拌完成。如果真的變硬了，可加入1大匙的牛奶使之軟化。**

a

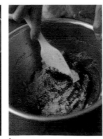
b

c

d

25

豆腐渣製乳酪蛋糕

在豆腐渣裡加入優格和蛋一起烤，做成有益健康的蛋糕。
這樣能做出溫和的濃醇，口感會變得跟乳酪蛋糕有點像。
黑棗乾使風味更有層次，也讓外觀增加了不少可愛的感覺。

材料（21×16.5×高3cm的耐熱方盤1個份）

豆腐渣 … 200g

原味優格 … 200g

蛋 … 2個

蔗糖 … 100g

菜籽油（或是沙拉油）… 60g

低筋麵粉 … 80g

黑棗乾 … 12個（約80g）

前置作業

· 將烘焙紙裁成25×30cm大小，在四個角落剪出
  5cm左右的刀痕（**a**），鋪在方盤上。

· 將烤箱預熱至180度。

· 粉類混合過篩。

作法

1 將蛋打入調理盆，加入豆腐渣、優格和蔗糖，用打蛋
  器仔細攪拌均勻（**b**）。

2 加入油，仔細攪拌至整體變得平滑。

3 加入低筋麵粉，攪拌至沒有粉末殘留為止（**c**）。

4 將麵糊倒入方盤（**d**）鋪平，再把黑棗乾平均地放在上
  面。

5 放進180度的烤箱烤30分鐘左右。用竹籤刺進中央，如
  果沒有附著生麵糊就代表烤好了。

6 連同烘焙紙一起拿出來放在散熱網上，等冷卻之後再
  切成適合入口的大小。

（1/12 量為160kcal）

PICK UP!
TOOL

琺瑯製方盤

除了可用在前置作業，也因為導
熱性佳而經常拿來烤東西，而我
則是把它當成烘焙點心或焗烤料
理的容器，非常好用。這一頁和
P.72用的是「野田琺瑯」製的方盤
「cabinet」，而P.58用的是相同製
造商的「21取」尺寸＊。

＊21取尺寸的方盤約為24.2x19.6x3.5cm，
重350g。

a

b

c

d

26

豆腐渣杏仁餅乾

用湯匙成型的手工餅乾，
既可以輕鬆完成，每一片又有不同的風貌，魅力十足。
用烘烤過的豆腐渣來製作麵團，產生出酥脆的口感。

材料（10片）

豆腐渣 … 200g ＊

杏仁片 … 30g

低筋麵粉 … 50g

麵糊用

　全蛋液 … 25～28g（約½個）

　蔗糖 … 30g

　菜籽油（或是沙拉油）… 40g

　鹽 … 一撮

肉桂粉 … 少許

前置作業

・將烤箱預熱至180度。

＊材料清單當中的豆腐渣用量是烘烤之前的重量。經過作法 1 烘烤之後，重量會變成30g左右。在P.58的「豆腐渣燕麥棒」中也會用到，且在常溫下可以保存2～3星期，所以不妨一次做起來放著。此外，若是把烘烤之後的豆腐渣拿來代替麵包粉用在油炸物上，還能獲得減糖的效果。

作法

1 烘烤豆腐渣。在烤盤上鋪好烘焙紙，將豆腐渣細細地打散，鋪滿整個烤盤。用180度烤15分鐘後取出烤盤，將整體大致打散翻面，繼續放進180度的烤箱烤15～20分鐘，直到豆腐渣出現淡淡黃色，變得乾乾脆脆的（**a**）。

2 接著再把杏仁片放在鋪有烘焙紙的烤盤上，將烤箱溫度降到170度烤5～6分鐘，等出現淡淡黃色之後取出，放置冷卻。

3 烤箱預熱至180度。將麵糊用材料依序放入調理盆，每加入一種都要用打蛋器仔細攪拌均勻。

4 將低筋麵粉過篩加入 **3**，然後加入肉桂粉、烘烤過的豆腐渣和杏仁片（**b**）。用刮刀粗略攪拌直到分布均勻。

5 在烤盤上鋪好烘焙紙，拿兩支稍大的湯匙，將麵團平均分成10等分鋪在烤盤上，同時稍微調整形狀（**c**）。

6 用湯匙背面稍微將表面壓平，放進烤箱用180度烤12分鐘左右，直到焦黃。然後直接在烤盤上冷卻。

（1片為96 kcal）

note

作法 **4**，攪拌時的動作務必輕柔，不要把豆腐渣和杏仁片攪得太碎了。

a　　　　　b　　　　　c

27 豆腐渣燕麥棒

含有豐富膳食纖維的豆腐渣，搭配麥片、花生和甘納豆，
讓營養價值和口感大大提升！
方便攜帶又有飽足感，在沒時間吃飯的時候也能當成輕食享用。

材料（24×20×高3.5cm的耐熱方盤1個份）

豆腐渣（＊參考P.57）… 260g

麥片 … 80g

紅豆製甘納豆 … 60g

花生米 … 40g

低筋麵粉 … 40g

麵糊用

> 蜂蜜 … 60g
>
> 菜籽油（或是沙拉油）… 70g
>
> 鹽 … 一撮

前置作業

・將烤箱預熱至180度。

・將烘焙紙裁成30×24cm大，
　參考P.55的方式鋪在方盤上。

作法

1 參考P.57的作法**1**，用180度的烤箱烘烤豆腐渣（烤完後重量約40g）。

2 烤箱再次預熱至180度。將麵糊用材料放入調理盆，用打蛋器仔細攪拌均勻。

3 依序放入麥片、烘烤過的豆腐渣、花生米和甘納豆（**a**），每加入一種都要用刮刀粗略攪拌均勻。

4 篩入低筋麵粉，用刮刀從底部整個往上，像是用切的一樣加以攪拌。一邊把盆邊的麵糊刮下來一邊和整體混合。

5 將麵團放入方盤，用刮刀用力按壓使表面變得平坦（**b**）。放進烤箱用180度烤30～35分鐘，直到焦黃。

6 連同烘焙紙一起拿出來放在散熱網上，等完全冷卻之後再切成容易入口的大小。

（¹⁄₁₂ 量為148kcal）

note

將麵團放入方盤時，要是壓得不夠紮實，之後切塊的時候就會容易碎掉。**重點就是盡可能地用力，把麵團壓得硬梆梆的。**

麥片

PICK UP!
INGREDIENT

將穀物當中營養價值特別高的燕麥，不做任何精製動作直接加工完成。含有豐富的膳食纖維、維生素和礦物質，在歐美地區最常見的就是像粥一樣調理，當成早餐吃。若是混進烘焙點心的麵團裡，就會產生酥脆的口感。

a　　　　　　b

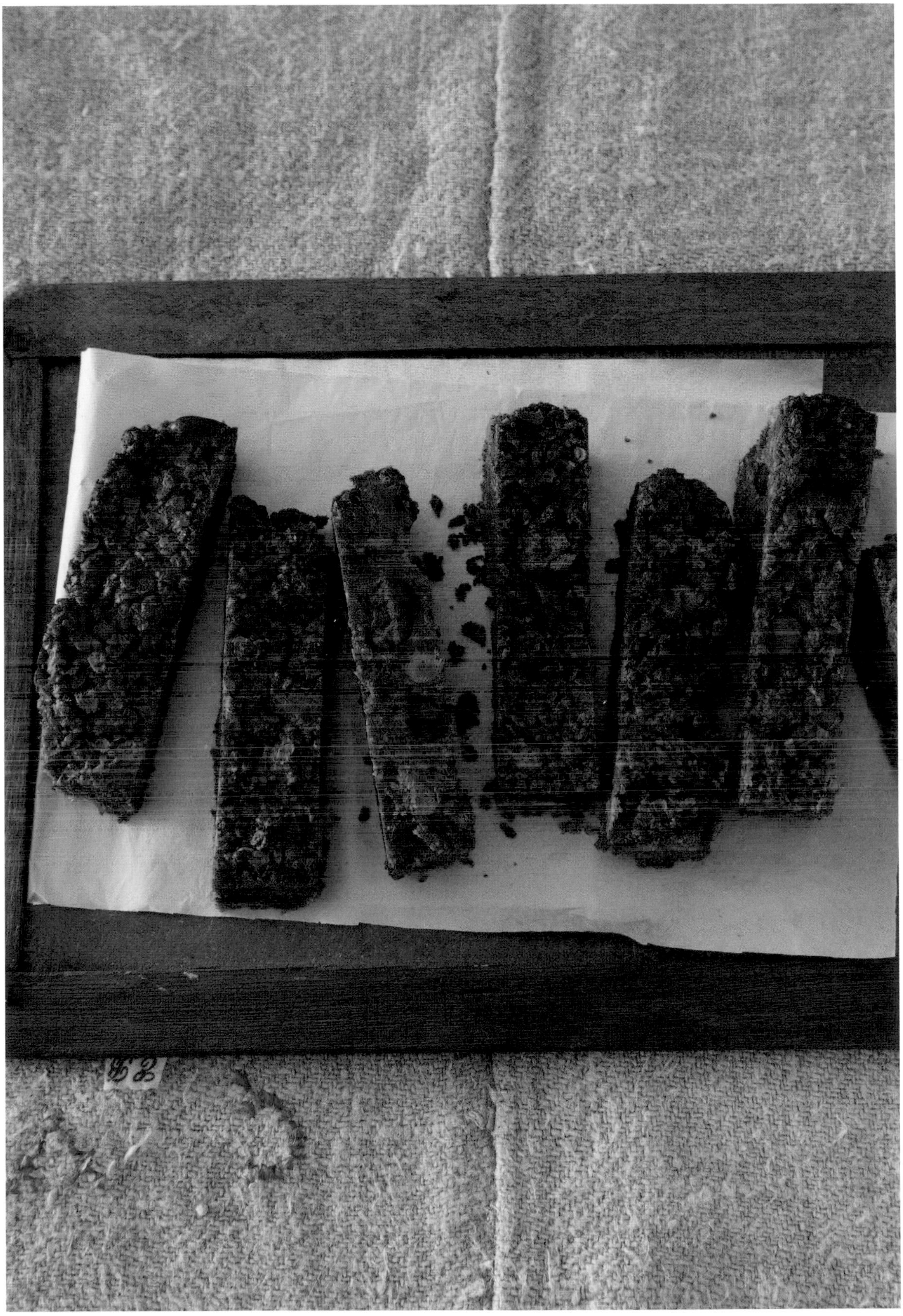

點心時間 ～咖啡歐蕾與奶茶篇～

我的職場就是自己家，所以在家度過的時間幾乎占了全部。先生有時也會在家工作，兩人總是會飲用大量的咖啡和紅茶。大多都是一邊進行某些作業一邊喝，而現在的模式，是為了讓自己在想喝的時候不必等太久，反覆嘗試之後才固定下來的。冰滴咖啡就不必一直守在旁邊，紅茶也是一壺不夠，直接用鍋子煮。兩種都是在早上就準備好一整天要喝的量，想喝的時候就倒進馬克杯，然後加入牛奶一起喝。用咖啡歐蕾和奶茶，搭配自己親手做的甜食。同時悠然自得地看著最愛的家人（狗和貓咪們）的奇妙舉動，這就是再好不過的點心時間。

MY FAVORITE CUP & BOWL

這個形狀獨特的馬克杯是在成井恒雄先生的個人展覽會上買的。顏色和咖啡歐蕾、奶茶非常相襯。

古董「Fire King」。上面的美式風格圖畫是我先生的最愛。

慶祝自家紀念日時拿到的碗盆，已經在不知不覺當中變成我家3隻小動物的水盆⋯⋯。

從小姑那裡收到的容器，上面寫著小鐵（貓）的名字。可是不知為何卻是愛犬奇普在用。

COFFEE 冰滴式咖啡和簡單好做的咖啡歐蕾

我個人作法是刻意泡得濃一點來搭配牛奶。

這是「iwaki」的玻璃製冰滴式咖啡專用壺。裝好咖啡粉，將水注入上壺，咖啡就會緩緩地滴答、滴答地落下來。花費時間緩緩萃取，就比較不容易溶解出苦味，最後得到一壺香濃甘醇的咖啡。

一個冷水瓶量的咖啡，兩人可以喝2～3天。因為冰滴式咖啡耗時，所以都會看準1瓶喝完之前再泡1瓶，隨時保持1瓶以上的咖啡存量。冷水瓶的品牌是「KINTO」（容量1.2L）。

先生和我喝咖啡時都喜歡加牛奶。牛奶品牌不會特別執著，但大多都會選擇低溫殺菌的。將牛奶加進做好的冰滴咖啡，然後連馬克杯一起送進微波爐加溫就能完成。

RECOMMENDATION

左：百合咖啡
這家咖啡店位於寶塚市。使用厚鐵鍋，以古早費時費工的方法製作優良的烘焙咖啡豆。我經常訂購的是坦尚尼亞或哥倫比亞產的中度～深度烘焙咖啡豆。

500g日幣2700円。yuricoffee.com

右：カフェヴィヴモンディモンシュ cafe vivement dimanche
鐮倉知名的咖啡店。由熱愛巴西的老闆堀內隆治先生親自烘焙的巴西產咖啡是我的最愛。其他還有許多可以依照當時心情訂購的咖啡，可以品嘗各種不同的味道。

每月更換的超划算咖啡豆500g裝／日幣2160円起。dimanche.shop-pro.jp

TEA 煮紅茶和輕鬆完成的奶茶

用微波爐加熱牛奶。加點甜味也很好喝。

將茶葉放入熱好的茶壺裡，然後看著沙漏等待……雖然我也喜歡正統紅茶，不過奶茶用的CTC（圓形茶葉）其實可以用鍋子煮。就把水和茶葉放進鍋子，然後開火煮到沸騰吧。

因為之後要加進牛奶，為了能夠強烈感受到茶葉的香氣，我都會煮2～3分鐘。關火之後蓋上蓋子，就這樣用蒸氣燜3分鐘左右。這個單柄鍋，我用了將近20年，外觀和耐用程度都很令我滿意。

趁燜茶葉的這段時間來加熱牛奶。若是使用鍋子，牛奶不是糊在鍋邊上，就是沸騰起泡到滿出來，所以我一直都是用微波爐加熱。我用的容器是微波爐OK的「HARIO」製品。先倒入⅓的牛奶，然後將紅茶過濾之後倒進去，就能做出濃醇的奶茶。

RECOMMENDATION

左：テテリア teteria
這是大西進先生所經營的紅茶專賣店，以沼津市為據點，在各地舉辦研討會借以散播紅茶的美好。也有很多朋友託我把這個當成禮物送我。

ctc-milk/100g 日幣1080円。teteria.shop-pro.jp

右：ティー・アンド・トリーツ tea & treats
以大型黃色罐子為特徵的「Campbell's Perfect Tea」誕生於200年前的愛爾蘭首都都柏林。濃厚強烈的滋味正是其魅力所在。最適合做成奶茶！

500g日幣3270円。tea-treats.com

Part 3
YOGURT
用優格調配滑嫩的甜點

現在正是加倍在意身體狀況的年歲。

我家冰箱裡總是隨時都備有大量優格。

感覺只要吃了就能活力十足。

單純淋上喜歡的果醬雖然也不錯，

但只要稍微花一些心思，

就能做成各有不同口感的甜點，

而這也是優格的魅力之一。

軟綿綿、滑溜溜，入口即化又綿密。

而且還能保護腸胃，

身體和心靈都會瞬間輕鬆起來。

28

優格配芒果的雪白提拉米蘇

這道甜點活用了優格當中的水分，口感新鮮獨特。
放置一個晚上後，芒果乾會恢復軟嫩，棉花糖也發揮功用讓優格變成慕斯狀。
光是芒果和棉花糖的香甜，就能獲得充分的滿足感。

材料（內部尺寸18×8×深度6.5cm的玻璃磅蛋糕模具1個份）
原味優格 … 450g
芒果乾 … 100g
棉花糖（大）… 7個（約50g）
市售手指餅乾（約2×9.5cm）… 15根

作法

1 先將芒果乾的 1/5 分出來切成細絲，最後灑在成品上
　用。剩下的切成2cm的四方形，棉花糖則是切成6等
　分。

2 將 1/2 左右的手指餅乾鋪滿模具底部（長度不合的時候
　可以折斷）。

3 將 1/4 的優格抹上去（**a**），再將棉花糖和切成2cm的四
　方形芒果乾各鋪上 1/2 的份量（**b**）。

4 將剩餘優格的 1/3 抹上去，撫平表面，再重複一次作法
　2 和 **3**。最後將剩下的優格全部抹上去，撫平表面。

5 蓋上保鮮膜，放進冰箱冷藏6～8小時。要吃的前一刻
　再把芒果乾細絲灑上去。

　（1/8 量為135 kcal）

note

雖然只要把材料疊起來就能完成，不過**唯一需要注意的只有作法
5，放在冰箱的時間**。如果放得不夠久，芒果就不會恢復柔軟。

a　　　　**b**

29 優格配葡萄乾的 超簡單慕斯 [改良版]

葡萄乾也同樣會因為優格而恢復柔軟。
用玻璃杯做成1人份的量,變化成散發著蘭姆酒香氣的成年人甜點。

材料（容量200ml的玻璃杯2個份）

原味優格 … 200g

葡萄乾 … 50g

棉花糖（大）… 5個（約35g）

市售手指餅乾（約2×9.5cm）… 6根

蘭姆酒 … 1小匙

裝飾用葡萄乾 … 適量

作法

1 棉花糖切成6等分。手指餅乾折斷成3～4等分。

2 將½的手指餅乾平均放入玻璃杯,再將½的蘭姆酒平均灑上去。將¼的優格均分至兩個杯子裡,撫平表面。

3 將½的棉花糖以及½的葡萄乾依序均分至兩個杯子裡,再將剩餘優格的⅓抹上去,撫平表面。

4 同樣將剩下的手指餅乾平均放入玻璃杯,平均灑上剩下的蘭姆酒。再將剩餘優格的½,以及剩餘的棉花糖和葡萄乾均分至兩個杯子裡,最後用所有剩下的優格蓋上去,撫平表面。

5 蓋上保鮮膜,放進冰箱冷藏6～8小時。要吃的前一刻再把裝飾用葡萄乾灑上去。

（1個為267kcal）

a   b

優格鮮奶油
乳脂鬆糕

加了優格的鮮奶油，餘味十分清爽。
因為一點也不膩，所以可以吃下好多盤。
莓果可以換成冷凍的，或是自己喜歡的水果。

材料（2～3人份）

優格鮮奶油

> 原味優格 … 60g
>
> 鮮奶油（乳脂肪含量45～46%）… 100ml
>
> 白砂糖 … 15g

蜂蜜蛋糕 … 2片（約100g）

藍莓、覆盆子（合計）… 30g

糖漿

> 白砂糖、熱水 … 各1大匙

作法

1 將糖漿材料放入稍小的耐熱調理盆進行攪拌，等白砂糖完全溶解後放置冷卻。

2 用毛刷或湯匙沾取糖漿，塗滿蜂蜜蛋糕的縱切面，然後各自切成6等分。

3 將優格鮮奶油的鮮奶油和白砂糖放入調理盆，用打蛋器仔細攪拌，直到舉起打蛋器時會出現挺立的尖角（硬性發泡）（**a**）。

4 將優格加入**3**（**b**），仔細攪拌至分布均勻。將蜂蜜蛋糕、藍莓、覆盆子和優格鮮奶油一起裝盤。

（⅓量為305kcal）

note

依照各人喜好在糖漿裡添加洋酒，就會變成成熟的口味。根據上述的份量，君度橙酒或蘭姆酒只需要 ½ 小匙左右即可。

31

優格水果寒天凍

滑溜的口感，色彩鮮豔的各色水果，
以及稍微令人懷念的寒天。因為零熱量，
所以很推薦當成餐後甜點。含有豐富的膳食纖維。

a   b

材料（21×16.5×高3cm的方盤1個份）

寒天液

 原味優格 … 250g

 白砂糖 … 60g

 寒天粉 … 4g

 檸檬原汁 … 1小匙

綜合水果（罐頭，去除果液）＊… 200g

 ＊如果沒有就將自己喜歡的水果（罐頭）切丁。

作法

1 製作寒天液。在小鍋子裡加入200ml的水，轉中火煮開
後加入寒天粉，用打蛋器攪拌至溶化。

2 關火後加入白砂糖，攪拌至溶化。

3 加入優格（**a**），仔細攪拌直到分布均勻，再倒入檸檬
原汁粗略攪拌。

4 將水果鋪在方盤上，倒入**3**（**b**）。等稍微降溫之後蓋
上保鮮膜，放進冰箱冷藏1小時冷卻凝固。然後切成適
合入口的大小，裝盤。

（⅛量為67kcal）

材料（130ml的布丁杯3個份）

麵糊用

　原味優格 … 200ml

　草莓 … 100g

　煉乳（加糖）… 50g

明膠粉 … 5g

草莓醬汁

　草莓 … 80g

　白砂糖 … 15g

　喜歡的洋酒（櫻桃酒、蘭姆酒等）… 少許

作法

1 將3大匙的水放入稍小的耐熱調理盆，篩入明膠粉。蓋上保鮮膜，放進微波爐加熱約30秒，仔細攪拌溶化。

2 去除麵糊用草莓的蒂頭，放入調理盆，用叉子仔細壓成泥（**a**）。

3 加入煉乳和優格（**b**），用打蛋器仔細攪拌至整體變得平滑。

4 將明膠液倒入 **3**（**c**），仔細攪拌直到分布均勻。等量迅速倒入過水的布丁杯裡，蓋上保鮮膜，放進冰箱冷藏1小時以上冷卻凝固。

5 去除醬汁用草莓的蒂頭，切成8mm的骰子狀，放進調理盆。加入白砂糖和喜歡的洋酒，粗略混合之後放置30分鐘以上。

6 讓 **4** 的杯底快速浸一下熱水，然後將杯子倒過來，取出布丁，再淋上草莓醬汁。

（1個為144kcal）

note

如果有果汁機就會更好做。將作法 **2** ～ **3** 的草莓、煉乳和優格一次放進果汁機，打到整體變得平滑，然後再加入明膠液便大功告成。

a　　　　　**b**　　　　　**c**

32

草莓優格布丁

用明膠凝固的簡單布丁。
不論是倒進小模具或是方盤之類的大容器都沒問題。
搭配酸酸甜甜的草莓沾醬一起享用吧！

33

優格白玉餡蜜

日式食材其實和優格意外地搭。
我最喜歡的吃法就是配黃豆粉。
利用優格的水分搓揉白玉粉，做出柔嫩的口感。

a   b

材料（2人份）

白玉丸子

　原味優格 … 60g

　白玉粉 … 60g

市售煮紅豆 … 150g

杏桃乾 … 2個

原味優格 … 2～3大匙

黃豆粉 … 適量

作法

1 將白玉丸子的材料放進調理盆，用刮刀攪拌至整體變得平滑（**a**）。

2 一邊用指尖壓散結塊的白玉粉，一邊仔細揉捏麵團直到變得平滑。

3 將麵團分成10等分，用拇指在中央壓出凹陷（**b**）。

4 煮開一鍋水，將麵團丟下去，等浮起來之後再煮1分鐘左右。放進冷水冷卻，瀝乾水分。

5 裝進容器，加入紅豆和杏桃。淋上優格，再灑上黃豆粉。

（1人份為325kcal）

34

水切優格
安茹白乳酪蛋糕

被稱為「天使的奶油」，法國安茹地區的鄉村甜點。
可用水切優格來代替原本的材料白乳酪。
顏色雪白又帶著清淡甘甜的軟綿綿奶油，
和酸酸甜甜的鮮紅果醬，可說是絕佳對比。

材料（直徑6cm的小烤盅6個份）

原味優格 … 450g

鮮奶油（乳脂肪含量45〜46%）… 200ml

白砂糖 … 40g

覆盆子果醬（或是自己喜歡的果醬）… 60g

前置作業

- 製作水切優格，將篩網放在調理盆內，鋪上廚房紙巾（不織布製或雙層構造的）。放入優格，蓋上保鮮膜，放進冰箱冷藏1個晚上（約10小時），直到固體部分變成½（約200g）為止（**a**）。

- 準備6塊邊長25cm的四方形紗布＊，以及6條長寬20cm×2cm的紗布帶。

＊如果沒有，可以在作法 **2** 結束後，將整個調理盆放進冰箱冷藏，用湯匙盛裝出來之後淋上果醬。

作法

1 將鮮奶油和白砂糖放進另一個調理盆，用打蛋器打發，直到舉起打蛋器時會出現柔軟的彎曲尖角（軟性發泡）（**b**）。

2 加入水切優格，仔細攪拌直到不帶任何凹凸感。

3 將四方形紗布鋪在小烤盅裡，將1/12的 **2** 依序倒進去。在正中央深深壓出一個凹陷，然後等量地填入果醬。

4 將剩下的 **2** 平均倒在果醬上，將它全部蓋住（**c**）。把紗布抓成一個小布包（**d**），用紗布帶綁緊包口。放進冰箱冷藏1小時以上冷卻凝固。

（1個為235kcal）

note

瀝乾優格水分時，**積在下方調理盆裡的水分（乳清）含有非常豐富的營養！千萬別丟掉**，用在其他食譜上吧（P.76）。

a　　　　**b**　　　　**c**　　　　**d**

35

水切優格布朗尼

即使是容易乾巴巴的布朗尼，也會因為在加了水切優格之後，蛋糕整體變得濕潤易入口。
淡淡殘留的酸味，無花果乾的清甜以及可可亞的微苦，堪稱絕配。

材料（21×16.5×高3cm的方盤1個份）

原味優格 … 450g

無花果乾（軟的）… 80g

粉類

　低筋麵粉 … 100g

　可可粉 … 40g

　泡打粉 … ½小匙

　肉桂粉 … 少許

蛋 … 1個

蔗糖 … 80g

菜籽油（或是沙拉油）… 50g

鹽 … 一撮

前置作業

・優格請參考P.71的前置作業，做成水切優格。

・將烘焙紙裁成25×30cm大，
　參考P.55的方式鋪在方盤上。

・將烤箱預熱至180度。

・粉類混合過篩。

作法

1 將無花果乾切成1cm的骰子狀。將水切優格（約200g）、蔗糖和鹽放進調理盆，用打蛋器攪拌均勻（**a**）。

2 把蛋打進去，仔細攪拌直到看不見黃色的部分（**b**）。加入油，仔細攪拌至分布均勻。

3 加入無花果乾，用刮刀粗略攪拌。

4 加入粉類，用刮刀從底部整個往上，像是用切的一樣加以攪拌（**c**）。一邊把盆邊的麵糊刮下來一邊和整體混合，直到沒有粉末殘留為止。

5 將麵糊放入方盤，撫平表面（**d**）。放進烤箱，用180度烤20分鐘左右。

6 用竹籤刺進中央，如果沒有附著生麵糊就代表烤好了。連同烘焙紙一起將蛋糕拿出方盤，放在散熱網上，涼了之後再切成適合入口的大小。

（1/10量為166kcal）

a　　　　b　　　　c　　　　d

36

水切優格全麥粉司康餅

用水切優格和油取代奶油製成的養生司康餅。
若是搭配全麥粉，營養價值就會瞬間提升，所以也可以當成主食來吃。
水切優格擁有恰到好處的硬度和滋味，很適合塗在司康餅上。

材料（直徑6～7cm的司康餅8個）

原味優格 … 450g

粉類

| 製菓用全麥粉（詳見P.14）… 300g

| 泡打粉 … 2小匙

核桃（無鹽・烘烤過）… 50g

菜籽油（或是沙拉油）… 60g

蔗糖 … 30g

鹽 … 一撮

喜歡的水切優格、果醬 … 各適量

前置作業

・優格請參考P.71的前置作業，做成水切優格。
・將烘焙紙鋪在烤盤上。
・將烤箱預熱至190度。
・粉類混合過篩。

作法

1 將核桃切成大顆粒。將水切優格（約200g）、蔗糖和鹽放進調理盆，用打蛋器仔細攪拌至分布均勻（**a**）。

2 加入油（**b**），仔細攪拌直到不帶任何凹凸感。然後加入核桃，粗略攪拌一下。

3 加入粉類。用刮刀從底部整個往上，像是用切的一樣加以攪拌。一邊把盆邊的麵糊刮下來一邊和整體混合，直到殘留些許粉末，變得鬆鬆軟軟的（**c**）。

4 取出⅛放在掌心，握成圓形，然後調整成厚度約2.5cm的圓餅。剩下的比照辦理（**d**）。

5 保持一定間隔放在烤盤上，放進烤箱用190度烤20分鐘左右，直到焦黃。拿出來放在散熱網上冷卻。最後抹上自己喜歡的優格或果醬食用。

（1個司康餅為285kcal）

note

這和P.95的焦糖蘋果果醬和檸檬凝乳也非常對味。**混進麵團的材料除了核桃之外，換成符合喜好的杏仁、南瓜籽、杏桃或葡萄乾等材料**也很有趣喔！

a   b   c   d

對身體有益的其他優格食譜

在此介紹幾個令人意外的吃法，例如使用製作水切優格時瀝出來的「乳清」，
或是將優格加溫，藉此產生對身體有益的效果等。
肚子和心情都會煥然一新喔！

用乳清製作
甜點＆飲料

乳清總是很容易不小心被丟掉，不過實際上它擁有非常豐富的優質蛋白質，對皮膚很好！除了低熱量之外，還能攝取到鈣質和維生素，所以根本沒有理由不使用。由於優格特有的酸味稍強，只要搭配柑橘類水果製成果凍或飲料就能愉快地享用了。

37
柳橙果凍

將3大匙的水放入耐熱容器，篩入5g的明膠粉，蓋上保鮮膜，用微波爐加熱30秒。仔細攪拌讓明膠溶化，再加入乳清和柳橙汁各150ml，攪拌均勻。依照各人喜好加入蜂蜜，倒入方盤，送進冰箱冷藏1～2小時冷卻凝固後即可享用。

38
檸檬蘇打

將乳清倒入杯子，依照各人喜好加入檸檬原汁和蜂蜜，攪拌均勻，最後加入氣泡水即可！清爽當中不失濃厚的滋味，讓人喝了還想再喝。切個檸檬片來放在飲料裡吧！

熱優格
簡單搭配法

最近相當熱門的「熱優格」，就是透過加熱至人體溫度來減輕腸胃負擔，而且又能攝取到活的乳酸菌，因此大受歡迎。將100g的原味優格放進耐熱容器，不蓋保鮮膜直接用微波爐加熱30～40秒即可。和營養價值高的配料一起食用，效果加倍！

39
搭配薑泥＆黑糖

薑的辛辣味主成分「薑辣素」，能讓血液循環變好。因為大部分存在於表皮上，所以連皮一起磨成泥，加在熱優格上面。至於甜味，則是建議添加富含礦物質與維生素的黑糖。

40
搭配楓糖漿＆香蕉

這個組合擁有豐富的鉀，能夠充分發揮排除體內多餘水分的效果，可以改善水腫。楓糖的熱量比蜂蜜和砂糖低，而且還能攝取到抗老化必備的抗氧化物質和維生素哦。

點心時間
～三隻小動物共陪篇～

我家分別從收容所和自家庭院迎來了1隻狗和2隻貓。
雖然不吃人類的點心，不過每天看起來都很在意這裡。
看到牠們3個跑來問「今天的菜單是什麼？」
就覺得實在可愛得不得了。

「喔，原來是整盤的醃漬水果和法式土司啊。
這組合真棒呢──」。這就是我家的偶像，奇普。

「聞起來好香！（不知道烤過之後會是什麼味道？）」
對烤蘋果充滿興趣的奇普。

「哎呀呀！這是麵包！? 還是我的零食！?」
有時候我會給奇普一點點不甜的麵包，當做零食。

「今天也工作了一天，辛苦了！」
趁我休息的時候跑來關心的奇普和晚輩貓咪小鐵。

「嗯嗯，所以這就是蘋果派
（還以為是麵包，原來不是啊……）。」

前輩貓咪小黑很怕羞（超喜歡貓草）。
奇普最喜歡的零食是「雞柳條肉乾！」。

Part 4
FRUITS
用水果打造天然甜食

酸酸甜甜，香氣宜人。
連外觀和色澤都惹人憐愛的各種水果。
為了彰顯自然的魅力，所以沒有做太多加工，
但和直接拿來吃不太一樣，
我想寫的是有點意思的食譜。
拿來烤、拿來切、拿來冷凍，
悄悄染上
椰子油或肉桂粉的風味⋯⋯
正因為是水果，所以儘管作法單純，
都會散發出自身的香甜。

41

免模具蘋果塔

烘烤之後甜味大增的蘋果和芬芳撲鼻的杏仁香氣，令人陶醉。
不論是塔皮或杏仁醬，都只需要在調理盆中攪拌即可。
不費力，也能轉眼做出美味的蘋果塔喔！

材料（直徑22cm大小1個）

蘋果 … 1個（去皮後250g）

杏仁醬

   全蛋液 … ½個份

   蔗糖 … 20g

   蘭姆酒 … 1小匙

   檸檬原汁 … ½小匙

   菜籽油（或是沙拉油）… 20g

   杏仁粉 … 40g

   低筋麵粉 … 1大匙

餅皮用麵團

   低筋麵粉 … 150g

   全蛋液 … ½個份

   蔗糖 … 40g

   鹽 … 一撮

   菜籽油（或是沙拉油）… 60g

蔗糖 … 1大匙

肉桂粉 … 少許

前置作業

· 將烘焙紙鋪在烤盤上。

· 過篩餅皮用麵團中的低筋麵粉。

作法

1 將杏仁醬的材料依序放入調理盆（**a**），每加入一種都要用打蛋器仔細攪拌均勻。將烤箱預熱至190度。

2 製作蘋果塔餅皮。將蛋液、蔗糖和鹽放入調理盆，用打蛋器攪拌。加入油，用打蛋器仔細攪拌成分布平均的黏稠狀。

3 加入低筋麵粉。用刮刀從底部整個往上，像是用切的一樣加以攪拌（**b**）。一邊把盆邊的麵糊刮下來一邊和整體混合，直到沒有粉末殘留，整個變成一團為止（**c**）。

4 將餅皮麵團鋪在烤盤上，用指腹按壓成均一厚度，壓成直徑21cm的圓形（**d**）。用指尖輕捏邊緣，捏出5mm左右的高度，順著單一方向轉動麵團，調整形狀（**e**）。用叉子在麵皮表面上刺出一整面的洞。

5 將帶皮蘋果洗乾淨，擦去水分。直切6～8等分之後去除果核，再切成厚度2～3mm的半月狀蘋果片。

6 將**1**倒在餅皮麵團上。用刮刀鋪開，留下距離邊緣約5mm左右的寬度，撫平表面。（**g**）

7 將蘋果總量的⅔延著麵團邊緣排放，每一片都要有些許重疊（**h**）。再將剩下的蘋果片一邊重疊少許一邊把中央填起來。

8 灑上蔗糖和肉桂粉，放進烤箱用190度烤30分鐘左右，直到焦黃。

（⅛片為254 kcal）

note

在餅皮麵團上刺出小洞，便形成了空氣流動的通路，所以在烘烤期間底部不會拱起來。麵團和杏仁醬的密合度也會變得更好。

a

b

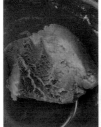
c

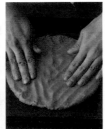
d

e

f

g

h

42

椰子油烤蘋果

若是在內餡當中加入椰子油，就能品嘗到不同於奶油的美味。
對切後出現的愛心形狀，以及烤過後不斷飄散的甘甜香氣，全都讓人會心一笑。
還能連同充滿美味與營養的果皮一起吃下去。
不管是熱騰騰或冰涼涼都好吃喔！

材料（4個）

蘋果 … 2個（去皮後500g）

椰子油 … 30g

蔗糖 … 30g

肉桂粉 … ¼ 小匙

葡萄乾 … 30g

前置作業

・將烤箱預熱至180度。

椰子油

從椰肉榨出來的東西當中萃取的油。溫度25度以上時是液體，冷了之後則是固體。因為不太會以脂肪形態囤積在體內，所以近幾年來相當受歡迎。本書為了能夠充分享受到濃厚的香氣與滋味，使用的是冷壓初榨椰子油。

作法

1 將椰子油、蔗糖和肉桂粉放入調理盆，用刮刀仔細攪拌至整體變得平滑。

2 將帶皮蘋果洗乾淨，擦去水分。縱向對切，用湯匙挖去果心，並小心不要挖穿（**a**）。

3 在每塊蘋果的凹陷處填入 ¼ 的 **1**，放上等量的葡萄乾。

4 放進烤箱，用180度烤30分鐘左右。

（1人份為195kcal）

note

如果遇上椰子油凝固的情形，可以放入耐熱調理盆，蓋上保鮮膜用微波爐加熱，每加熱10秒就看一下狀況，**直到軟化成可以攪拌的狀態再使用。**

a

TOPPING IDEA
加料更好吃

●用酥餅碎增添口感（左）

酥脆又香濃的酥餅碎創造出高低起伏，讓人可以充分享受它和蘋果之間的口感差異。將低筋麵粉30g，還有椰子油、椰子絲（將椰子果肉加以乾燥，刨成粗絲）和蔗糖各1大匙放入調理盆，一邊用手指搓揉直到變成乾燥蓬鬆狀一邊進行攪拌，於上述的作法 **3** 之後等量灑在蘋果上，然後烘烤完成。

●用酸奶油增添酸味（右）

放上一大堆滑順又有清爽酸味的酸奶油。另外水切優格（P.71）也很搭喔！

45

柳橙法式土司

蛋液混合了柳橙果汁，
讓濃醇與酸甜的滋味深深滲入厚切麵包當中。
只要放上焦糖烤柳橙，就能完成夢幻中的美味。

a

材料（2人份）
柳橙厚切片（厚度約1cm）… 4片
蛋液用
　柳橙原汁（或100%果汁）… 50ml
　蛋 … 1個
　鮮奶油（乳脂肪含量35～36%）… 50ml
　蔗糖 … 20g
短型法國麵包（或長棍麵包）斜切片
　（厚度約2.5cm）… 4片
柳橙用蔗糖… 適量
椰子油（P.83）… 適量
楓糖漿（或蜂蜜）… 適量

作法
1 將蛋打入調理盆中打散，再加入剩餘的蛋液用材料，
　用打蛋器攪拌均勻。
2 將法國麵包排列在方盤上，整體淋上蛋液之後翻面。
　蓋上保鮮膜，放進冰箱冷藏1個晚上（8小時以上），
　讓蛋液徹底滲入麵包（**a**）。
3 柳橙去皮。
4 將椰子油倒入稍大的平底鍋中，用中火加熱後將**2**排
　放進去。煎兩面和側面，直到整體煎成焦黃色。
5 煎麵包這段期間，將柳橙切片放在平底鍋的空位，灑
　上蔗糖，將兩面都煎成焦黃的焦糖。
6 盛裝至容器，淋上楓糖漿之後食用。
（1人份為312kcal）

46

水果三明治

用滑順的香草奶油做成三明治，突顯水果的自然甘甜。
只要先在麵包上塗抹椰子油，之後再抹上鮮奶油也不會變得水水的。

材料（2人份）
草莓 … 4～5顆
奇異果 … ½～1個
香蕉 … ½～1根
土司 … 4片
香草奶油
　鮮奶油（乳脂肪含量45～46％）… 100ml
　煉乳（加糖）… 50g
　香草莢 … ½根
椰子油（P.83）… 適量

a

作法
1 將草莓洗淨擦乾，切去蒂頭，再切成2～3等分。奇異果去皮之後切成厚度8mm的半月型切片，香蕉剝皮後切成厚度8mm的切片。
2 用菜刀縱向切開香草莢，刮出香草籽（a）放入調理盆。再加入鮮奶油和煉乳，用打蛋器打至硬性發泡（P.66）。
3 將椰子油薄薄塗在吐司其中一面上，並在2片吐司上各自塗抹¼的香草奶油，將1的水果等量地排列上去。
4 將剩下的奶油等量抹好，各自夾上另一片吐司。
5 用保鮮膜包好，放進冰箱冷藏30分鐘。取下保鮮膜，先將吐司邊切掉再切成3等分。
（1人份為503kcal）

note
香草豆的豆莢不要丟掉，可以乾燥再利用。例如放進砂糖容器讓香味渲染過去，變成香草砂糖。另外也可以和肉桂條一起放進奶茶或熱紅酒裡。

47

法布魯頓綜合莓果蛋糕

法布魯頓蛋糕，是在麵團裡加入大量雞蛋烘烤而成的法國傳統點心。
我最喜歡它外層酥脆，內層濕軟，宛如卡士達醬的味道。
若是加入水果，酸甜與濃郁的平衡感更是瞬間提升。

材料（直徑13×高2cm的耐熱盤2個份）

綜合莓果（冷凍）… 60g

蛋 … 1個

蔗糖 … 50g

低筋麵粉 … 25g

牛奶 … 50ml

蘭姆酒 … ½小匙

椰子油（P.83）… 10g

器皿用椰子油 … 適量

作法

1 將蛋打入調理盆打散，加入蔗糖和低筋麵粉，用打蛋器攪拌均勻。依序加入牛奶和蘭姆酒，每加入一種都要仔細攪拌均勻（**a**）。

2 蓋上保鮮膜，在室溫下靜置1小時左右（**b**）。

3 將烤箱預熱至180度。在耐熱盤上薄薄抹上一層椰子油。

4 將椰子油加入 **2**，用打蛋器攪拌，然後等量倒入2個耐熱盤，均衡地擺上綜合莓果（**c**）。

5 放進烤箱，用180度烤20分鐘左右，直到焦黃。

（1盤為240kcal）

note

由於**麵糊的厚度會隨著盤子的高度而改變**，品嘗不同感覺的成品也是一件趣事！這裡使用的是淺盤，**不過也可以用小烤盅來烤**。如果是直徑9cm的小烤盅，烘烤時間請改成25分鐘左右。

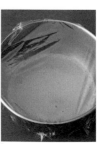

a　　　　b　　　　c

48

醃漬水果

因應先生要求而常做的一道甜點。前一天做好放著，味道就會充分混合，
一大早就能一次吃到各種水果，也是件令人開心的事！
請依照產季和個人喜好更換水果。

a   b

材料（完成後約750ml）

鳳梨 … ¼個

柳橙 … 1個

藍莓 … 120g

奇異果 … 2個

蜂蜜 … 30g

蔗糖 … 20g

檸檬原汁 … 2小匙

肉桂條 … 1根

依照個人喜好的柳橙利口酒 … 2小匙

作法

1 將鳳梨穩固地立在砧板上，將心切除（**a**）。將果皮朝下放在砧板上，橫切取下果肉（**b**）。直向對切，再切成1cm厚的小塊。

2 將柳橙和奇異果去皮，切成和鳳梨差不多的大小。肉桂條對折。

3 將**1**、**2**和藍莓一起放進保存容器，加入蜂蜜、蔗糖、檸檬原汁、肉桂和喜歡的利口酒，均勻地沾在所有水果上。

4 蓋上蓋子，放進冰箱冷藏3小時以上，使味道和香氣融合。

（¼量為112kcal）

note

放冰箱保存2～3天也沒問題。可以一次多做一些當成早餐，也很推薦搭配戚風蛋糕（P.20～25）、安茹白乳酪蛋糕（P.70）和法式土司（P.84）。

材料（2人份）
哈密瓜（熟透）… ¼個（去皮後130g）
氣泡水 … 適量
香草冰淇淋 … 200ml
櫻桃（罐頭）… 2個

作法
1 用湯匙將哈密瓜的種子刮出來，放在調理盆裡的篩網上。再將哈密瓜切成4～6等分，按在篩網上滑動，榨出果汁（**a**）。
2 將 **1** 的果汁平均倒入裝有冰塊的2個杯子裡，然後再倒入氣泡水。
3 等量地裝進冰淇淋，放上櫻桃。

（1人份為228kcal）

note

最甜的部分就在種子周圍。**去除種子的時候請用篩網接好，一滴不漏地享用所有果汁吧**。除了氣泡水，我也很喜歡加入煉乳後淋在刨冰上吃。

a

49

新鮮哈密瓜汽水

比起直接吃，我從以前就更喜歡把哈密瓜做成果汁來喝。
加入氣泡水，像水果簡餐店一樣，
放顆櫻桃點綴，心情也會跟著雀躍起來喔。

50

滿滿果肉的葡萄柚果凍

將水嫩葡萄柚的魅力變成果凍吧！
把恰到好處的酸味變成溫和的甜味以及軟綿綿的質感，是我的個人堅持。
若是把香氣和外觀都清爽無比的果皮當成容器使用，美味也會跟著提升許多。

材料（4個）

葡萄柚 … 3個
白砂糖 … 40g
明膠粉 … 8g

作法

1 將4大匙的水倒入稍小的耐熱容器，篩入明膠粉。
2 剝掉其中1個葡萄柚的皮，從瓣膜之間挖出果肉。然後將瓣膜在調理盆裡的篩網上進行擠壓，榨出果汁。
3 將其他葡萄柚對切，透過 **2** 的篩網將果汁擠進調理盆裡。小心地去除瓣膜（果皮要拿來做成容器，先保管好），然後榨出果汁（**a**）。
4 測量 **3** 的果汁量，不足的部分用水補足，增加成350ml。加入白砂糖，仔細攪拌直到溶化。
5 將 **1** 的明膠蓋上保鮮膜，放進微波爐加熱約30秒，仔細攪拌溶化。然後加入 **4** 仔細攪拌。
6 將葡萄柚的斷面朝下，放在砧板上，薄薄切下一塊果皮以確保擺放時的穩定度，並小心不要切出一個洞來（**b**）。最後放在方盤上。
7 倒入等量的 **5**，再把果肉撕成2～3塊，平均地加進去。蓋上保鮮膜，放進冰箱冷藏2小時以上冷卻凝固。

（1個為109kcal）

note

用葡萄柚皮做成的容器，會因為大小和果皮厚度造成容量各自不同，所以**倒入果凍液之後，請用果肉來調整份量。**盡可能地讓果凍液和果皮邊緣保持在同一個水平面上，這樣比較美觀。

a b

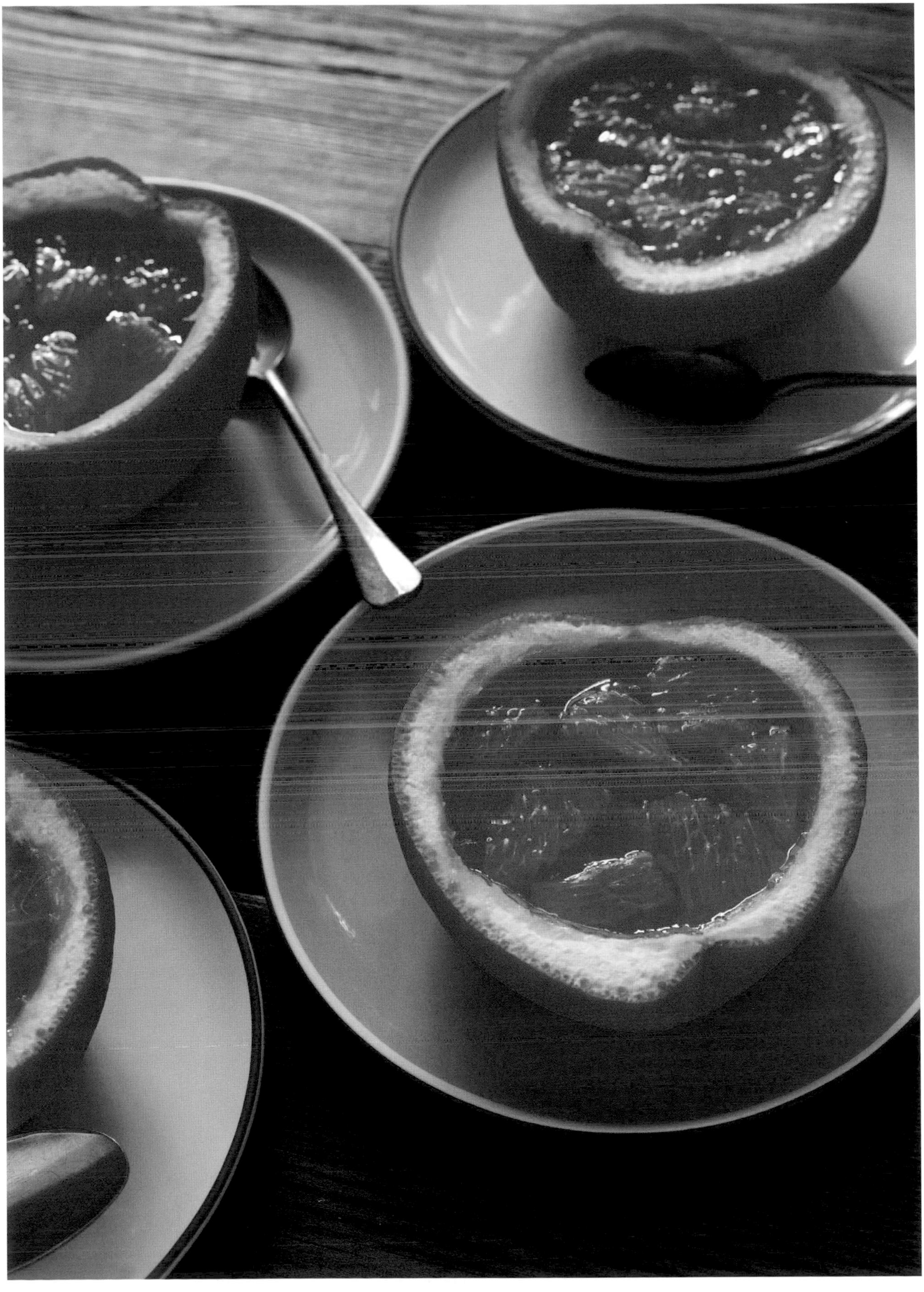

51

芒果冰舒芙蕾

蛋白霜混合芒果，做出氣泡入口即化般的爽快口感。
在芒果濃厚的甜味上，用優格來增加清爽度。

材料（容量約200ml的耐冷玻璃杯4個份）
芒果（熟透）… ½個（去皮後100g）
蛋白 … 2個份
原味優格 … 100g
白砂糖 … 30g

前置作業
・將蛋白放入乾燥清潔的調理盆裡，
　放進冰箱冷卻直到使用前一刻。

作法
1 芒果去皮，用菜刀細切。放入調理盆再加入優格，粗
　略攪拌。
2 將蛋白和白砂糖放入另一個調理盆，參考P.21的作法
　3～4，製作蛋白霜。
3 將蛋白霜小心加進**1**，攪拌至整體分布均勻，並小心不
　要讓泡泡消失。
4 等量裝入杯中，蓋上保鮮膜，放進冰箱冷藏2～3小時
　冷卻凝固。

（1杯為68kcal）

52

柳橙舒芙蕾果凍

如果將明膠液打發再冷卻凝固，就會變得跟棉花糖一樣！
柳橙清爽的酸甜，在口中緩緩盪漾開來。

材料（容量200～250ml的玻璃杯4個份）
柳橙汁（果汁含量100％）… 200ml
白砂糖 … 20g
明膠粉 … 5g

前置作業
・在大調理盆裡準備冰水備用。

作法
1 將50ml的熱水倒入調理盆，篩入明膠粉。加入白砂
　糖，用打蛋器仔細攪拌直到完全溶化，稍微放置冷
　卻。
2 將柳橙汁倒入**1**。讓調理盆底部浸在冰水裡，用打蛋器
　大動作地攪拌，混入空氣，持續6～7分鐘。
3 打出白色黏稠感，當舉起打蛋器時會緩緩滴落，且痕
　跡會殘留2～3秒的時候就大功告成。
4 等量裝入杯中，蓋上保鮮膜，放進冰箱冷藏1～2小時
　冷卻凝固。

（1杯為45kcal）

53

奇異果口味冷凍優格

重點在於混搭優格和鮮奶油。
酸甜之中增加濃醇滋味，
美味程度讓人吃了還想再吃。

材料（完成後約550ml）
奇異果 … 2個
原味優格 … 250g
鮮奶油（乳脂肪含量45～46％）… 100ml
白砂糖 … 60g

作法
1 奇異果去皮，切成7～8mm的骰子狀。
2 將優格、鮮奶油和白砂糖放入調理盆，用打蛋
　器仔細攪拌，直到整體變得平滑。加入奇異
　果，用刮刀粗略攪拌（**a**），倒入方盤。
3 蓋上保鮮膜，放進冰箱冷凍3小時冷卻凝固。
　中途拿出2～3次，用叉子攪拌一下（**b**）。
　（1/6量為154kcal）

a　　　b

把水果裝進瓶子裡

只要一看到籃子或袋子裡滿滿的當季水果，就會忍不住想要買回家。因為先生最愛吃水果，所以各種色彩鮮豔的水果已然成為我家不可或缺的東西。沒有辦法直接吃完的部分，我都會做成果醬或抹醬，裝進瓶子裡保存。我們的早餐大多都是麵包、鬆餅或司康餅。這時若是配上幾個手工果醬瓶，就會覺得內心一大早就洋溢著幸福感。可以在點心時間淋在優格上，或是搭配司康餅和戚風蛋糕，塗上厚厚的一層。用冷凍派皮包起來送進烤箱，馬上變成水果派！今天要用什麼方式享用呢？心中的期待越來越大。

 MY FAVORITE PLATE

這個邊緣像蕾絲一樣可愛的白色盤子，是法國的古董。不管什麼東西都能襯托得很漂亮。

這一圈茶色紋路，和烤成焦黃色的點心十分相襯。和圓滾滾的馬克杯也很搭。

我很喜歡這個深沉的藍色和花瓣似的邊緣。這是陶藝家安倍太一先生的作品。

例如司康餅和果醬、法式吐司和水果等，混合盛裝時非常好用的橢圓盤。

CARAMEL & APPLE 焦糖蘋果果醬

讓焦糖的芳香裹住蘋果，與肉桂散發出淡淡的氣息。

54

冰藏可保存
2星期左右

材料（成品約300ml）
蘋果（小）… 2個（去皮後400g）
蔗糖 … 120g
檸檬原汁 … 1大匙
肉桂條 … 1根

作法

1 將蘋果切成4等分，取出果核並去皮。½磨成泥，剩下的切成5mm的骰子狀。

2 在直徑約16cm的厚鐵鍋裡放入蔗糖和1大匙的水，用耐熱刮刀攪拌後開中火。
隨後放置不攪拌，直到變成深褐色再加入檸檬原汁，搖動鍋子讓整體混合均勻。

3 開始冒出大量氣泡後，加入 **1** 的蘋果和肉桂條。

4 偶爾攪拌一下避免燒焦，中途一旦出現浮渣就動手撈掉，熬煮約20分鐘直到變得濃稠，在液體被煮乾之前從爐子上拿下來。趁熱裝進乾淨的瓶子裡＊，蓋上蓋子。等冷卻之後放進冰箱冷藏。

（1瓶為689kcal）

LEMON & COCONUT OIL 椰子油製成的檸檬凝乳

用椰子油代替奶油，與檸檬搭配南國風味。

55

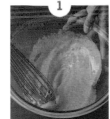

冰藏可保存
4～5天

材料（成品約200ml）
檸檬原汁 … 60ml
檸檬（日本產·無打蠟）
　皮磨成泥 … 1個份
蛋 … 1個
白砂糖 … 80g
椰子油（P.83）… 40g

作法

1 將蛋打入調理盆打散，加入檸檬皮和白砂糖。

2 在直徑約16cm的厚鐵鍋裡放入檸檬原汁和椰子油。開中火，等椰子油融化就從爐子上拿下來，稍微放置冷卻。

3 加到 **1** 當中，用打蛋器攪拌至整體分布均勻，然後再放回原本的鐵鍋裡。

4 開最小火加熱 **3** 的鍋子，用耐熱刮刀持續不斷地攪拌並加熱。當內容物開始變得濃稠，稠到可以在鍋底畫線的時候，就從爐子上拿下來。趁熱裝進乾淨的瓶子裡＊，蓋上蓋子。等冷卻之後放進冰箱冷藏。

（1瓶為783kcal）

PROFILE

桑原奈津子

料理研究家。曾參與麵包咖啡坊的麵包製作、擔任某大型製粉公司的商品開發，以及澱粉加工公司的研究職，而後獨立。根據自身經驗，寫下任何人都能輕鬆完成而且充滿親切感的食譜，廣受好評。活用攝影興趣，將自己與愛犬愛貓的生活紀錄下來的著作《パンといっぴき(麵包與小動物一隻)》(日本PIE International出版)還有Instagram(@kwhr725)都相當受歡迎。P77的照片也是自己拍攝的。最近的著作有《下午茶必備的英式小茶點：Biscuit & Shortbread》(台灣東販出版)等。

TITLE

清爽好吃！無奶油懶人烘焙甜點

STAFF		ORIGINAL JAPANESE EDITION STAFF		
出版	瑞昇文化事業股份有限公司	デザイン	福間優子	
編著	ORANGE PAGE	撮影	福尾美雪	(カバー、P02〜13、20〜28、
譯者	江宓蓁			30〜31、34〜49、54〜55、
				60〜76、78〜91、93〜96、道具・材料)
總編輯	郭湘齡		木村 拓	(P14〜19、29、32〜33、92)
責任編輯	陳亭安		宗田育子	(P04、50〜53、56〜59)
文字編輯	徐承義　蔣詩綺	スタイリング	駒井京子	(カバー、P05〜13、20〜28、30〜31、
美術編輯	孫慧琪			36〜49、54〜55、62〜67、70〜71、
排版	二次方數位設計			78〜91、94〜95)
製版	印研科技有限公司		澤入美佳	(P14〜19、32〜33、92)
印刷	龍岡數位文化股份有限公司		阿部まゆこ	(P50〜53、56〜59、68〜69、72〜76、93)
		熱量計算	五戸美香、本城美智子、宮坂早智	
法律顧問	經兆國際法律事務所　黃沛聲律師	校正	みね工房(藤田由美子・熊倉聡子)	
		材料協力	クオカ	http://www.cuoca.com
戶名	瑞昇文化事業股份有限公司			0570-00-1417
劃撥帳號	19598343			
地址	新北市中和區景平路464巷2弄1-4號			
電話	(02)2945-3191			
傳真	(02)2945-3190			
網址	www.rising-books.com.tw			
Mail	deepblue@rising-books.com.tw			

國家圖書館出版品預行編目資料

清爽好吃!無奶油懶人烘焙甜點 / 桑原奈
津子著；江宓蓁譯. -- 初版. -- 新北市：瑞
昇文化, 2018.09
96 面；21X25.7 公分
ISBN 978-986-401-270-1(平裝)

1.點心食譜

427.16　　　　　　　107013860

初版日期	2018年9月
定價	350元

國內著作權保障，請勿翻印／如有破損或裝訂錯誤請寄回更換
SIMPLE BAKE & SWEETS
© ORANGE PAGE 2017
Originally published in Japan in 2017 by The Orangepage,Inc.,TOKYO.
Chinese translation rights arranged through DAIKOUSHA INC.,KAWAGOE.